普通高等教育"十四五"系列教材（土木工程专业）

土木工程材料检测实训

主 编 洪晓江 达则晓丽 钱 波

主 审 张雪松

中国水利水电出版社
www.waterpub.com.cn

·北京·

内 容 提 要

本书内容紧跟行业发展趋势,以最新的与土木工程材料检测相关的国家标准和行业标准为依据进行编写。全书共分9章,主要内容包括土木工程材料基本物理性质试验检测实训、集料试验检测实训、水泥技术性能试验检测实训、水泥混凝土试验检测实训、砂浆试验检测实训、钢筋试验检测实训、墙体材料试验检测实训、沥青和沥青混合料试验检测实训以及防水卷材性能试验检测实训等。本书以材料的性能检测实训为主线,实训试验包含"试验目的""试验依据""试验原理""主要仪器设备""操作步骤""数据处理与结果分析""试验记录表格",注重学生思维能力、创新能力以及解决实际问题能力的培养。

本书内容前沿、系统、实用,可以作为普通高等院校土木工程、工程管理、建筑环境与能源应用工程、城市地下空间工程、道路桥梁工程等专业的教材用书,也可作为行业相关专业的试验检测人员的学习和培训的参考用书。

图书在版编目(CIP)数据

土木工程材料检测实训 / 洪晓江,达则晓丽,钱波主编. -- 北京:中国水利水电出版社,2025.4.
(普通高等教育"十四五"系列教材). -- ISBN 978-7-5226-3335-0

Ⅰ.TU502

中国国家版本馆CIP数据核字第20255M8T27号

策划编辑:寇文杰　　责任编辑:张玉玲　　加工编辑:黄振泽　　封面设计:苏敏

书　　名	普通高等教育"十四五"系列教材(土木工程专业) 土木工程材料检测实训 TUMU GONGCHENG CAILIAO JIANCE SHIXUN
作　　者	主　编　洪晓江　达则晓丽　钱　波 主　审　张雪松
出版发行	中国水利水电出版社 (北京市海淀区玉渊潭南路1号D座　100038) 网址:www.waterpub.com.cn E-mail:mchannel@263.net(答疑) 　　　　sales@mwr.gov.cn 电话:(010)68545888(营销中心)、82562819(组稿)
经　　售	北京科水图书销售有限公司 电话:(010)68545874、63202643 全国各地新华书店和相关出版物销售网点
排　　版	北京万水电子信息有限公司
印　　刷	三河市鑫金马印装有限公司
规　　格	184mm×260mm　16开本　10印张　230千字
版　　次	2025年4月第1版　2025年4月第1次印刷
印　　数	0001—1000册
定　　价	32.00元

凡购买我社图书,如有缺页、倒页、脱页的,本社营销中心负责调换

版权所有·侵权必究

前　言

在土木工程领域，材料不仅是构成工程实体的物质基础，更是决定工程质量、安全性和耐久性的关键因素；而土木工程材料检测是确保工程质量、保障结构安全、提升工程耐久性的重要手段。随着科技的飞速发展和工程技术的不断创新，土木工程材料的种类日益丰富，性能要求也愈发严苛，这就对土木工程材料检测提出了更高的要求和标准。

土木工程材料检测是土木工程材料课程教学的重要组成部分和实践教学环节。本书紧密结合教学大纲，采用最新国家标准和行业标准，涵盖了集料、水泥、水泥混凝土、砂浆、钢筋、墙体材料、沥青和沥青泥合料以及防水卷材等性能试验检测实训，为培养高素质的土木工程材料检测人才提供坚实的理论支撑与实践指导。本书系统全面地介绍土木工程常用材料的检测标准、目的、依据、原理、仪器设备、操作步骤、数据的记录与处理等内容，在内容安排上力求做到理论与实践相结合，确保读者能够掌握土木工程材料检测的全过程。

本书由西昌学院洪晓江、达则晓丽、钱波担任主编，西昌学院游潘丽担任参编。编写分工如下：全书共9章，第1~4章由洪晓江编写，第5章由洪晓江和达则晓丽共同编写，第6~8章由达则晓丽编写，第9章由钱波和游潘丽共同编写。全书由洪晓江和达则晓丽负责统稿，重庆华盛检测技术有限公司总经理张雪松博士担任本书主审。

本书在编写过程中，得到了相关院校老师的鼎力支持与协助，同时，众多长期在施工生产一线的工程师们也慷慨分享了他们的宝贵实践经验，极大地丰富了本书的内容。在此谨向他们表示最诚挚的感谢。

由于编者水平有限及时间仓促，书中的缺点和错误在所难免，恳切希望读者批评指正。

编者

2024年11月

目　　录

前言
第1章　土木工程材料基本物理性质试验检测实训 ··· 1
 1.1　概述 ·· 1
 1.2　密度试验 ··· 1
 1.3　表观密度试验 ··· 3
 1.4　堆积密度试验 ··· 5
 1.5　吸水率试验 ··· 7
 1.6　含水率试验 ··· 8
第2章　集料试验检测实训 ·· 10
 2.1　概述 ·· 10
 2.2　细集料的含泥量及泥块含量试验（筛洗法） ·· 14
 2.3　细集料氯离子含量试验 ·· 17
 2.4　细集料筛分试验 ·· 19
 2.5　粗集料针、片状颗粒含量试验 ·· 21
 2.6　粗集料压碎指标试验 ·· 24
 2.7　粗集料筛分试验 ·· 26
第3章　水泥技术性能试验检测实训 ·· 30
 3.1　概述 ·· 30
 3.2　水泥细度试验（负压筛法） ·· 32
 3.3　水泥标准稠度用水量试验 ·· 34
 3.4　水泥凝结时间试验 ·· 36
 3.5　水泥安定性试验 ·· 38
 3.6　水泥胶砂强度试验（ISO法） ··· 41
 3.7　水泥胶砂流动度试验 ·· 44
第4章　水泥混凝土试验检测实训 ·· 47
 4.1　概述 ·· 47
 4.2　普通混凝土配合比设计 ·· 49
 4.3　水泥混凝土拌和物和易性试验 ·· 53
 4.4　水泥混凝土拌和物表观密度试验 ·· 55
 4.5　水泥混凝土试块的制备与养护试验 ·· 57
 4.6　水泥混凝土立方体抗压强度试验 ·· 59
 4.7　水泥混凝土劈裂抗拉强度试验 ·· 61
 4.8　水泥混凝土抗折强度试验 ·· 63
第5章　砂浆试验检测实训 ·· 66
 5.1　概述 ·· 66

5.2 砂浆拌和物的拌制试验…………………………………………………………70
5.3 砂浆稠度试验……………………………………………………………………72
5.4 砂浆分层度试验…………………………………………………………………73
5.5 砂浆保水性试验…………………………………………………………………75
5.6 砂浆表观密度试验………………………………………………………………77
5.7 砂浆立方体抗压强度试验………………………………………………………79

第6章 钢筋试验检测实训………………………………………………………82
6.1 概述………………………………………………………………………………82
6.2 钢筋拉伸试验……………………………………………………………………85
6.3 钢筋冷弯试验……………………………………………………………………88
6.4 钢筋冲击试验……………………………………………………………………90
6.5 钢筋焊接接头拉伸性能试验……………………………………………………91

第7章 墙体材料试验检测实训…………………………………………………94
7.1 概述………………………………………………………………………………94
7.2 砌墙砖尺寸偏差和外观质量检测……………………………………………106
7.3 砌墙砖抗压强度试验…………………………………………………………109
7.4 墙用砌块尺寸偏差和外观质量检测…………………………………………113
7.5 墙用砌块抗压强度试验………………………………………………………116

第8章 沥青和沥青混合料试验检测实训……………………………………119
8.1 概述……………………………………………………………………………119
8.2 沥青试样准备方法……………………………………………………………121
8.3 沥青针入度试验………………………………………………………………122
8.4 沥青软化点试验（环球法）…………………………………………………126
8.5 沥青延度试验…………………………………………………………………128
8.6 沥青含蜡量试验………………………………………………………………132
8.7 沥青混合料试件的制作试验…………………………………………………135
8.8 沥青混合料马歇尔稳定度及浸水马歇尔试验………………………………139

第9章 防水卷材性能试验检测实训……………………………………………143
9.1 概述……………………………………………………………………………143
9.2 防水卷材拉伸性能试验………………………………………………………145
9.3 防水卷材不透水性检测………………………………………………………147
9.4 防水卷材耐热性试验…………………………………………………………148
9.5 防水卷材低温柔性试验………………………………………………………151

参考文献…………………………………………………………………………153

第1章 土木工程材料基本物理性质试验检测实训

1.1 概 述

土木工程材料在正常使用状态下，总要承受一定的外力和自重，同时还会受到周围环境介质的侵蚀作用以及各种物理作用（如温度差、湿度差、摩擦等）。为确保土木工程材料能够正常长期使用，要求在工程设计和施工中正确合理地使用材料，确保土木工程材料的安全性、使用性和耐久性。因此，必须熟悉和掌握土木工程材料的基本性质，包括物理性质、化学性质、力学性质及其他一些特殊的性质。其中，材料的密度、表观密度、堆积密度、吸水率和含水率等性质是材料最基本的物理性质，不同材料对其要求有所不同，本章以水泥、砂和混凝土砌块等为例，介绍其密度、表观密度、堆积密度、吸水率和含水率等性质的测试试验方法。

1.2 密 度 试 验

1.2.1 试验目的

测定材料的密度，用于计算材料的空隙率和密实度。

1.2.2 试验依据

《水泥密度测定方法》（GB/T 208—2014）。

1.2.3 试验原理

材料的密度是指材料在绝对密实状态下，单位体积的质量，是不包括任何孔隙在内的体积所具有的质量，也叫绝对密度或真实密度。这与物理学中的密度概念是一致的。除了钢材、玻璃等材料，绝大多数材料都有一些孔隙。在测定有孔隙的材料的密度时，应把材料磨成细粉（粒径小于 0.2mm），经干燥后用李氏密度瓶采用液体排代法测定其实体体积，然后计算其密度。试验所选液体为不与试验原料产生化学反应的液体。材料磨得愈细，测定的密度值愈精确。本节以水泥作为试验原料，选用无水煤油，介绍其密度测试方法。本方法适用于通用硅酸盐水泥、道路硅酸盐水泥及指定采用本方法的其他品种。

1.2.4 主要仪器设备

（1）李氏瓶：由优质玻璃制成，透明无条纹，具有抗化学浸蚀性且热滞后性小，有足够的厚度以确保良好的耐裂性。李氏瓶横截面形状为圆形，外形如图 1-1 所示。容积为 220～250mL，带有长 180～200mm 且直径约为 10mm 的细颈，细颈刻度由 0～1mL 和 18～24mL 两端刻度组成，且 0～1mL 和 18～24mL 以 0.1mL 为感量，任何标明的容量误差都不得大于 0.05mL。

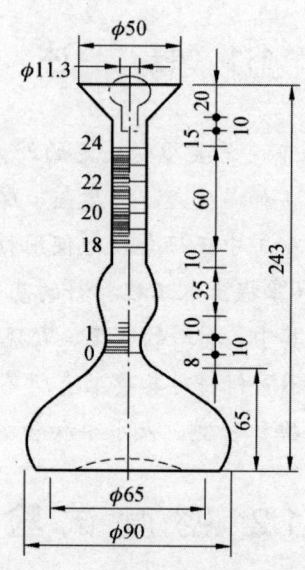

图 1-1 李氏瓶（单位：mm）

（2）天平：量程不小于 100g，感量不大于 0.01g。

（3）烘箱：采用温度能保持在 105～115℃的烘箱。

（4）温度计：量程包含 0～50℃，感量不大于 0.1℃。

（5）方孔筛：孔径为 0.90mm。

（6）温水槽：应有足够大的容积，使水温可以稳定控制在 11～20℃。

（7）无水煤油：应符合《煤油》（GB 253—2008）的规定。

（8）药匙：长度不小于 200mm。

（9）其他：干燥器、量筒等。

1.2.5 操作步骤

（1）水泥试样应预先通过 0.9mm 方孔筛，在 105～115℃ 温度下干燥 1h，并且在干燥器内冷却至室温［室温应控制在（20±0.5）℃］。

（2）称取水泥 60g，精确至 0.01g。在测试其他粉料密度时，可按实际情况增减称量材料质量，以便读取刻度值。

（3）将无水煤油注入李氏瓶中，液面至 0～1mL 刻度线内（以弯月液面的下部为准）。盖上瓶塞并放入恒温水槽内,使刻度部分浸入水中[水温应控制在（20±0.5）℃],恒温至少 30min，记下无水煤油的初始（第一次）读数 V_1，精确至 0.1mL。

（4）从恒温水槽中取出李氏瓶，先将瓶外表面水分擦净，再用滤纸将李氏瓶内零点以上无水煤油的部分仔细擦净。

（5）用药匙将水泥样品一点点地装入李氏瓶中，反复摇动李氏瓶（也可用超声振动或磁力搅拌），直至没有气泡排出或用超声振动将气泡全部排完。再次将李氏瓶静置于恒温水槽中，使刻度部分浸入水中，在相同温度下恒温至少30min，记下第二次读数 V_2，精确至0.1mL。

（6）第一次读数和第二次读数时，恒温水槽的温度差不得大于0.5℃。

1.2.6 数据处理与结果分析

（1）按式（1-1）计算水泥密度，精确至 $0.01g/cm^3$。

$$\rho = \frac{m}{V_2-V_1} \quad (1\text{-}1)$$

式中：ρ 为水泥的密度，g/cm^3；m 为装入瓶中的水泥质量，g；V_1 为李氏瓶第一次读数，mL；V_2 为李氏瓶第二次读数，mL。

（2）以两次试验结果的平均值作为密度的测定结果，但两次试验结果之差不应大于 $0.02g/cm^3$，否则试验数据无效，须重新试验。

1.2.7 试验记录表格

密度试验记录表见表1-1。

表1-1 密度试验记录表

试验次数	注入试样质量 m/g	李氏瓶第一次读数 V_1/cm^3	李氏瓶第二次读数 V_2/cm^3	试验绝对体积 V/cm^3	密度 ρ/(g/cm^3)	平均密度 $\bar{\rho}$/(g/cm^3)
1						
2						

检测： 记录： 计算： 校核：

1.3 表观密度试验

1.3.1 试验目的

测定材料的表观密度，用于计算材料的空隙率和密实度。

1.3.2 试验依据

《公路工程集料试验规程》（JTG 3432—2024）。

1.3.3 试验原理

《建设用砂》（GB/T 14684—2022）要求砂的表观密度不小于 $2500kg/m^3$。表观密度是用于衡量集料技术性质是否合格的物理量之一。本试验测定细集料（天然砂、石屑、机制砂等）的表观相对密度和表观密度。在采用材料体积法进行水泥混凝土配合比设计时，需要测定细集料的表观密度。

本试验采用容量瓶法测定细集料在 23℃时对水的表观相对密度和表观密度。本方法适用于含有少量大于 2.36mm 部分的细集料。

1.3.4 主要仪器设备

（1）烘箱：采用温度能保持在（105±5）℃的烘箱。
（2）天平：称量 1000g，感量不大于 1g。
（3）容量瓶：500mL。
（4）烧杯：500mL。
（5）洁净水。
（6）其他：干燥器、搪瓷盘、铝制料勺、温度计、毛刷等。

1.3.5 操作步骤

（1）将缩分至 650g 左右的试样，在温度为（105±5）℃的烘箱中烘干至恒重，并在干燥器内冷却至室温，分成两份备用。

（2）称取烘干的试样 300g（m_0），装入盛有半瓶洁净水的容量瓶中。

（3）轻轻摇转容量瓶，使试样在已保温至（23±1.7）℃的水中充分搅动以排除气泡，塞紧瓶塞，在恒温下，静置 24h 左右，然后用滴管添加水，使水面与瓶颈刻度线平齐，再塞紧瓶塞，擦干瓶外水分，称其总质量 m_2。

（4）倒出瓶中的水和试样，将瓶的内外表面洗净，再向瓶内注入同样温度的洁净水（温差不超过 2℃）至瓶颈刻度线，塞紧瓶塞，擦干瓶外水分，称其总质量 m_1。

1.3.6 数据处理与结果分析

（1）细集料的表观相对密度按式（1-2）计算，精确至小数点后 3 位。

$$\gamma_a = \frac{m_0}{m_0 + m_1 - m_2} \tag{1-2}$$

式中：γ_a 为细集料的表观相对密度，无量纲；m_0 为试样的烘干质量，g；m_1 为水和容量瓶总质量，g；m_2 为试样、水和容量瓶总质量，g。

（2）表观密度 ρ_0 按式（1-3）计算，精确至小数点后 3 位。

$$\rho_0 = \gamma_a \times \rho_T \text{ 或 } \rho_0 = (\gamma_a - \alpha_T) \times \rho_w \tag{1-3}$$

式中：ρ_0 为细集料的表观密度，g/cm³；ρ_w 为水在 4℃时的密度，g/cm³；α_T 为试验时水温对水密度影响的修正系数，按表 1-2 取用；ρ_T 为试验温度为 T 时水的密度，g/cm³，按表 1-2 取用。

表 1-2 不同水温时水的密度 ρ_T 及水温修正系数 α_T

水温/℃	15	16	17	18	19	20
水的密度 ρ_T/（g/cm³）	0.99913	0.99897	0.99880	0.99862	0.99843	0.99822
水温修正系数 α_T	0.002	0.003	0.003	0.004	0.004	0.005
水温/℃	21	22	23	24	25	—
水的密度 ρ_T/（g/cm³）	0.99802	0.99779	0.99756	0.99733	0.99702	—
水温修正系数 α_T	0.005	0.006	0.006	0.007	0.007	—

（3）以两次试验结果的平均值作为表观密度的测定结果，但两次试验结果之差不应大于 20kg/m³，否则重做。

1.3.7 试验记录表格

表观密度试验记录表见表 1-3。

表 1-3 表观密度试验记录表

试验次数	干砂质量 m_0/g	瓶+水质量 m_1/g	砂+瓶+水质量 m_2/g	表观密度 ρ_0/（kg/m³）	两次试验误差	平均表观密度 ρ_0/（kg/m³）
1						
2						

检测：　　　　　记录：　　　　　计算：　　　　　校核：

1.4 堆积密度试验

1.4.1 试验目的

测定材料的堆积密度，用于计算材料的填充率和空隙率，评定材料的品质。

1.4.2 试验依据

《普通混凝土用砂、石质量及检验方法标准》（JGJ 52-2006）。

1.4.3 试验原理

散粒材料在自然堆积状态下的体积，既含颗粒内部的空隙，又含颗粒之间空隙在内的总体积。测定散粒材料的体积可通过已标定容积的容器计量。本试验通过测定装满容量筒的砂的质量和体积（自然状态下），计算其堆积密度及空隙率。

1.4.4 主要仪器设备

（1）烘箱：采用温度能保持在（105±5）℃的烘箱。

（2）天平：称量为1000g，感量为1g。

（3）容量筒：圆柱形金属筒，容积为1L。

（4）方孔筛：孔径为4.75mm的筛子。

（5）其他：漏斗（或铝制料勺）、钢尺、搪瓷盘等。

1.4.5 操作步骤

（1）试样制备。先用孔径为4.75mm的筛子过筛，然后取经缩分后的样品不少于3L，装入搪瓷盘。在温度为（105±5）℃的烘箱中将其烘干至恒重，取出并冷却至室温，分成大致相等的两份备用。试样烘干后若有结块，应在试验前先捏碎。

（2）称取容量筒的质量 m_1。

（3）取试样一份，用漏斗或铝制料勺，缓慢装入容量筒（漏斗或铝制料勺距容量筒筒口不应超过50mm），直至试样装满并超出容量筒筒口。然后用钢尺将多余的试样沿筒口中心线向相反的方向刮平，称其质量 m_2。

1.4.6 数据处理与结果分析

（1）堆积密度按式（1-4）计算，并取两次试验结果的算术平均值，精确至10kg/m³。

$$\rho_1 = \frac{m_2 - m_1}{V} \tag{1-4}$$

式中：ρ_1 为砂的堆积密度，kg/m³；m_1 为容量筒质量，g；m_2 为容量筒和试样总质量，g；V 为容量筒体积，L。

（2）空隙率按式（1-5）计算，并取两次试验结果的算术平均值，精确至1%。

$$P = \left(1 - \frac{\rho_1}{\rho_0}\right) \times 100\% \tag{1-5}$$

式中：P 为空隙率，%；ρ_1 为砂的堆积密度，kg/m³；ρ_2 为砂的表观密度，kg/m³。

1.4.7 试验记录表格

堆积密度和空隙率试验记录表见表1-4。

表1-4 堆积密度和空隙率试验记录表

试验次数	容量筒容积 V/L	容量筒质量 m_1/g	容量筒+砂质量 m_2/g	堆积密度 ρ_1/（kg/m³） 单值	平均值	空隙率 P/% 单值	平均值
1							
2							

检测： 记录： 计算： 校核：

1.5 吸水率试验

1.5.1 试验目的

测定材料的吸水率，用以作为评定材料质量的依据。吸水率与开口孔隙率成正比，它对材料的耐久性有很大影响。

1.5.2 试验依据

《混凝土砌块和砖试验方法》（GB/T 4111—2013）、《蒸压加气混凝土性能试验方法》（GB/T 11969—2020）。

1.5.3 试验原理

材料在浸水状态下吸入水分的能力称为吸水性，用吸水率表示，通常分为质量吸水率和体积吸水率。质量吸水率是材料在吸水饱和时，其内部所吸水分的质量占材料在干燥状态下质量的百分率。体积吸水率是材料在吸水饱和时，其内部所吸水分的体积占材料在干燥状态下的自然体积的百分率。本试验以加气混凝土作为试件，测试其吸水率，介绍其吸水率检测试验方法。

1.5.4 主要仪器设备

（1）烘箱：采用温度能保持在（105±5）℃的烘箱。
（2）天平：称量为1000g，感量为0.1g。
（3）其他：干燥箱、恒温水槽、游标卡尺等。

1.5.5 操作步骤

（1）将三个尺寸为100mm×100mm×100mm的立方体试样放入烘箱内，在（60±5）℃温度下保温24h，然后在（80±5）℃温度下保温24h，再在（105±5）℃温度下烘干至恒重，再放到干燥器中冷却至室温，称其质量 m_g。

（2）将试件放入水温为（20±5）℃的恒温水槽内，然后加水至试件高度的1/3处；过24h后再加水至试件高度的2/3处；24h后，加水高出试件30mm以上，再次保持24h。这样逐次加水的目的在于使试件孔隙中的空气逐渐逸出。

（3）从水中取出试件，用湿布抹去表面水分，立即称取每块质量 m_b，精确至1g。

1.5.6 数据处理与结果分析

（1）按式（1-6）计算试件的质量吸水率 W_m，按式（1-7）计算试件的体积吸水率 W_V。

$$W_m = \frac{m_b - m_g}{m_g} \times 100\% \quad (1-6)$$

$$W_V = \frac{m_b - m_g}{V_0} \times 100\% \quad (1-7)$$

式中：m_g 为试件干燥质量，g；m_b 为试件吸水饱和质量，g；V_0 为干燥试件在自然状态下的体积，cm³。

（2）以三个试件吸水率的算术平均值作为测定结果，精确至0.1%。

1.5.7 试验记录表格

吸水率试验记录表见表1-5。

表1-5 吸水率试验记录表

试验次数	干试件质量 m_g/g	试件吸水饱和后质量 m_b/g	质量吸水率 W_m/%	质量吸水率平均值/%	体积吸水率 W_V/%
1					
2					
3					

检测：　　　　　记录：　　　　　计算：　　　　　校核：

1.6　含水率试验

1.6.1　试验目的

测定含水率，以了解材料的含水情况。砂的含水率还用于修正实验室标准混凝土配合比中水和砂的用量，调整工地现场混凝土中的水和砂的用量。

1.6.2　试验依据

《建设用砂》（GB/T 14684—2022）。

1.6.3　试验原理

含水率指材料内部所含水的质量占材料干质量的百分率，又称为含水量。含水率的试验方法较多，有烘干法、酒精燃烧法和炒干法等。本试验采用烘干法测定砂的含水率。其他材料（如粗集料、黏土等）的含水量测定与细集料大致相同，粒径越大，取样数量和试验数量应更多才具有代表性。

1.6.4　主要仪器设备

（1）烘箱：采用温度能保持在（105±5）℃的烘箱。

（2）天平：称量为1000g，感量为0.1g。

（3）其他：烧杯、搪瓷盘、小勺、毛刷等。

1.6.5 操作步骤

（1）将自然潮湿状态下的细集料试样用四分法缩分至约1100g，拌和均匀后大致分为相等的两份备用。

（2）称取搪瓷盘的质量 m_0，精确至0.1g。

（3）用搪瓷盘取一份约500g试样，称取该试样与搪瓷盘的质量 m_1，精确至0.1g。

（4）将试样放到烘箱中，在（105±5）℃温度下烘干至恒量，冷却至室温。

（5）称出烘干后的试样与搪瓷盘的质量 m_2，精确至0.1g。

1.6.6 数据处理与结果分析

砂的含水率按式（1-8）计算，精确至0.1%。

$$w = \frac{m_1 - m_2}{m_2 - m_0} \times 100\% \tag{1-8}$$

式中：w 为砂的含水率，%；m_0 为搪瓷盘的质量，g；m_1 为搪瓷盘加湿砂质量，g；m_2 为搪瓷盘加干砂质量，g；m_1-m_2 为砂中水质量，g；m_2-m_0 为干砂质量，g。

含水率试验须进行二次平行试验，若其平行差值超过0.2%时，应重新试验。

1.6.7 试验记录表格

含水率试验记录表见表1-6。

表1-6 含水率试验记录表

试验次数	搪瓷盘质量 m_0/g	搪瓷盘加湿砂质量 m_1/g	搪瓷盘加干砂质量 m_2/g	水质量 m_1-m_2/g	干砂质量 m_2-m_0/g	含水率 w/% 单值	含水率 w/% 均值
1							
2							

检测： 记录： 计算： 校核：

第2章 集料试验检测实训

2.1 概 述

2.1.1 集料分类

集料是指在土木工程材料中所使用的砂、石等天然矿物或人造骨料，它们的主要作用是提供强度和稳定性，其特性和用途十分广泛。粒径在0.15～4.75mm之间的集料称为砂，砂可以分为天然砂和人工砂两类。粒径大于4.75mm的集料称为粗集料，常用的粗集料有卵石和碎石两类。

根据《建设用砂》(GB/T 14684—2022)中规定，砂按成因可分为天然砂、机制砂；按细度模数可分为粗、中、细三种规格；按技术要求可分为Ⅰ类、Ⅱ类和Ⅲ类，见表2-1。

表2-1 砂的分类

按成因	按细度模数	按技术要求
天然砂：河砂、湖砂、山砂等	粗：3.1～3.7	Ⅰ类：用于强度等级大于C60的混凝土
机制砂：混合砂	中：2.3～3	Ⅱ类：用于强度等级C30～C60及有抗冻抗渗要求的混凝土
	细：1.6～2.2	Ⅲ类：用于强度等级小于C30的混凝土

根据《建设用卵石、碎石》(GB/T 14685—2022)中规定，石按成因可分为天然、人工，或卵石、碎石，按技术要求分为Ⅰ类、Ⅱ类和Ⅲ类，见表2-2。

表2-2 石的分类

按成因		按技术要求
天然石	卵石	Ⅰ类：用于强度等级大于C60的混凝土
人工石	碎石	Ⅱ类：用于强度等级C30～C60及有抗渗要求的混凝土
		Ⅲ类：用于强度等级小于C30的混凝土

2.1.2 取样方法

(1) 砂的取样方法。

1) 取样方式。在料堆上取样时，取样部位应均匀分布。取样前先将取样部位的表面铲除，然后由各部位取大致等量的砂8份，组成一组样品；从皮带运输机上取样时，应在皮带运输机机尾的出料处用接料器定时抽取大致等量的砂 4 份，组成一组样品；从火车、汽车、货船上取样时，应从不同部位和深度抽取大致等量的砂 4 份，组成一组样品。

2）取样数量。每组试样的取样数量，对于每一单项试验，应不小于表 2-3 所规定的最少取样数量。进行几项试验时，如果能确保样品经一项试验后不影响另一项试验的结果，可用同组样品进行多项不同的试验。

表 2-3　试验项目所需砂的最少取样量

试验项目	最少取样量/g	试验项目	最少取样量/g
含泥量	4400	泥块含量	10000
氯离子含量	2000	筛分	4400

3）试样处理。试样处理方法分为用分料器法和人工四分法两类。用分料器法是将样品在潮湿状态下拌和均匀，然后通过分料器，取接料斗中的其中一份再次通过分料器。重复上述过程，直至把样品缩分到试验所需量为止。人工四分法是将所取样品置于平板上，在潮湿状态下拌和均匀，并堆成厚度约为 20mm 的圆饼，然后沿互相垂直的两直径把圆饼分成大致相等的四份，取其中对角线的两份重新拌匀，再堆成圆饼。重复上述过程，直至把样品缩分到试验所需量为止。

（2）石的取样方法。

1）取样方式。在料堆上取样时，取样部位应均匀分布。取样前先将取样部位的表面铲除，然后从各部位取大致等量的石 15 份（在料堆的顶部、中部和底部各从均匀分布的 5 个不同部位取得）组成一组样品；从皮带运输机上取样时，应在皮带运输机机尾的出料处用接料器定时抽取大致等量的石 8 份，组成一组样品；从火车、汽车、货船上取样时，应从不同部位和深度抽取大致等量的石 16 份，组成一组样品。

2）取样数量。每组试样的取样数量，对于每一单项试验，应不小于表 2-4 所规定的最少取样数量。进行几项试验时，如果能确保样品经一项试验后不影响另一项试验的结果，可用同组样品进行多项不同的试验。

表 2-4　试验项目所需石的最少取样量

试验项目	最少取样量/kg							
	最大粒径/mm							
	9.5	16	19	26.5	31.5	37.5	63	≥75
针、片状颗粒含量	1.2	4	8	12	20	40	40	40
压碎指标	按试验要求的粒级和质量取样						
筛分	9.5	16	19	26.5	31.5	37.5	63	80

3）试样处理。将所取样品置于平板上，在自然状态下拌和均匀，并堆成锥体，然后沿互相垂直的两直径把锥体分成大致相等的 4 份，取其中对角线的两份重新拌匀，再堆成锥体。重

复上述过程，直至把样品缩分到试验所需量为止。

2.1.3 集料主要技术指标

（1）砂的主要技术指标。

1）砂的颗粒级配。砂的颗粒级配是用筛分试验的方法来确定的，用细度模数表示粗细程度。砂的实际颗粒级配与表 2-5 中的累计筛余相比，除公称粒径为 5mm 和 0.63mm 的累计筛余外，其余公称粒径的累计筛余可稍有超出分界线，但总超出量不应大于 5%。当天然砂的实际颗粒级配不符合要求时，宜采取相应的技术措施，并经试验证明能确保混凝土质量后，方允许使用。配制混凝土时宜选用 2 区砂。当选择 1 区砂时，应提高砂率，并保持足够的水泥用量，以满足混凝土的和易性。当选择 3 区砂时，宜降低砂率。在泵送混凝土中，宜选择中砂。

表 2-5 砂颗粒级配

方孔筛/mm	累计筛余/%					
	天然砂级配区			机制砂级配区		
	1	2	3	1	2	3
4.75	0~10	0~10	0~10	0~10	0~10	0~10
2.36	5~35	0~25	0~15	5~35	0~25	0~15
1.18	35~65	10~50	0~25	35~65	10~50	0~25
0.6	71~85	41~70	16~40	71~85	41~70	16~40
0.3	80~95	70~92	55~85	80~95	70~92	55~85
0.15	90~100	90~100	90~100	85~97	80~94	75~94

2）砂的含泥量。含泥量对新拌混凝土性能的影响表现在对混凝土用水量、坍落度的影响。含泥量大，混凝土的需水量高，坍落度减少，坍落度损失加大，尤其是对聚羧酸高性能减水剂的影响更大。含泥量超过 3%后，掺聚羧酸外加剂的混凝土坍落度将减少 50~70mm，坍落度半小时损失能达到初始坍落度的一半。因此，需要限制砂中的含泥量。天然砂中的含泥量应符合表 2-6 的规定。对于有抗冻、抗渗或其他特殊要求的强度等级小于或等于 C25 的混凝土用砂，其含泥量不应大于 3%。

表 2-6 砂的含泥量

类别	Ⅰ	Ⅱ	Ⅲ
含泥量（质量分数）/%	≤1	≤3	≤5

3）砂的泥块含量。砂中的泥块不仅会影响砂与混凝土的黏结，还会降低混凝土的抗压强度、抗渗性能，增大混凝土的收缩。因此，要控制砂中的泥块含量。天然砂中的泥块含量应符合表 2-7 的规定。对于有抗冻、抗渗或其他特殊要求的强度等级小于或等于 C25 的混凝土用砂，其泥块含量不应大于 1%。

表2-7 砂的泥块含量

类别	I	II	III
泥块含量（质量分数）/%	≤0.2	≤1	≤2

4）砂的氯离子含量。砂中的氯离子可引起混凝土内部水泥基质中的化学反应，导致混凝土内部的饱和膨胀和冻融破坏，这会直接影响到混凝土的早期强度、抗压强度以及其他力学性能。另外，氯离子过量会导致钢筋锈蚀，而钢筋锈蚀会导致钢筋混凝土结构被破坏。锈蚀产生的氢氧化物和氧化物体积比铁原来的体积大，这会导致钢筋锈蚀部分附近的混凝土膨胀开裂，进一步促进钢筋的腐蚀，形成恶性循环。

因此，要控制砂中的氯离子含量。砂中的氯离子含量应符合表2-8的规定。对于钢筋混凝土用净化处理的海砂，其氯离子含量不应大于0.02%。

表2-8 砂的氯离子含量

类别	I	II	III
氯离子含量（质量分数）/%	≤0.01	≤0.02	≤0.06

（2）石的主要技术指标。

1）针、片状颗粒含量。针、片状颗粒的存在和特性对材料的性能和使用产生一定的影响。针、片状颗粒在岩石或混凝土等材料中容易形成应力集中点。当受到外力作用时，这些点更容易发生破坏，导致材料的整体强度降低。此外，它们还可能导致材料的脆性增加，抗冲击性和抗疲劳性下降。在混凝土等建筑材料中，针、片状颗粒可能导致混凝土的流动性变差，增加施工难度。同时，它们还可能影响混凝土的硬化过程，导致混凝土的体积稳定性下降。因此，要控制针、片状颗粒的含量。碎石或卵石中的针、片状颗粒的含量应符合表2-9的规定。

表2-9 针、片状颗粒含量

类别	I	II	III
针、片状颗粒含量（质量分数）/%	≤5	≤8	≤15

2）压碎指标。压碎指标是碎石或卵石抵抗压碎的能力的量化表示，主要作用是评估卵石或碎石的强度。这个指标越小，表示石子抵抗压碎的能力越强，即其强度越高。在建筑工程中，卵石或碎石常被用作混凝土骨料，因此，其压碎指标对于混凝土的整体强度和耐久性具有重要的影响。碎石或卵石压碎指标应符合表2-10的规定。

表2-10 压碎指标

类别	I	II	III
碎石压碎指标/%	≤10	≤20	≤30
卵石压碎指标/%	≤12	≤14	≤16

3）颗粒级配。合理的颗粒级配有助于减少混凝土中的空隙和气泡，使混凝土更加均匀和

致密。这种致密的结构可以提高混凝土的抗压强度、抗渗性和耐久性。同时，合适的颗粒级配还有助于改善混凝土的工作性能，如流动性、可塑性和可泵性，使得混凝土在浇筑和施工过程中更加顺畅和高效。

碎石或卵石的颗粒级配，应符合表 2-11 的要求。混凝土用碎石或卵石应采用连续级配。单粒级配宜用于组合成满足要求级配的连续粒级，也可与连续粒级混合使用，以改善其级配或配成较大粒度的连续粒级。

表 2-11 颗粒级配

公称粒级/mm		累计筛余/% 方孔筛筛孔尺寸/mm										
		2.36	4.75	9.5	16.0	19.0	26.5	31.5	37.5	53.0	63.0	75.0	90
连续级配	5~16	95~100	85~100	30~60	0~10	0	—	—	—	—	—	—	—
	5~20	95~100	90~100	40~80	—	0~10	0	—	—	—	—	—	—
	5~25	95~100	90~100	—	30~70	—	0~5	0	—	—	—	—	—
	5~31.5	95~100	90~100	70~90	—	15~45	—	0~5	0	—	—	—	—
	5~40	—	95~100	70~90	—	30~65	—	—	0~5	0	—	—	—
单粒级配	5~10	95~100	80~100	0~15	0	—	—	—	—	—	—	—	—
	10~16	—	95~100	80~100	0~15	0	—	—	—	—	—	—	—
	10~20	—	95~100	85~100	—	0~15	0	—	—	—	—	—	—
	16~25	—	—	95~100	55~70	25~40	0~10	0	—	—	—	—	—
	16~31.5	—	95~100	—	85~100	—	—	0~10	0	—	—	—	—
	20~40	—	—	95~100	—	80~100	—	—	0~10	0	—	—	—
	25~31.5	—	—	—	95~100	—	80~100	0~10	0	—	—	—	—
	40~80	—	—	—	—	95~100	—	—	70~100	—	30~60	0~10	0

2.2　细集料的含泥量及泥块含量试验（筛洗法）

2.2.1　试验目的

（1）含泥量试验仅用于测定天然砂中粒径小于 0.075mm 的尘屑、淤泥和黏土的含量。

（2）泥块含量试验用于测定水泥混凝土用砂中颗粒大于 1.18mm 的泥块的含量。

2.2.2　试验依据

《建设用砂》（GB/T 14684—2022）。

2.2.3 试验原理

测试细集料的含泥量及泥块含量是确保混凝土质量稳定、优化配合比、降低生产成本和保障工程安全的重要措施。细集料是混凝土的重要组成部分，其质量直接影响混凝土的性能。含泥量及泥块含量的高低会直接影响混凝土的强度、耐久性和施工工艺。过高的含泥量会降低混凝土的强度，增加孔隙率，从而影响其抗渗性和耐久性。

筛洗法测试细集料的含泥量及泥块含量试验的原理是利用细集料和泥土颗粒在水洗过程中的物理分离特性，通过水洗、筛分和烘干等步骤将细集料中的泥土颗粒和杂质去除，并计算出细集料的含泥量和泥块含量。这种方法简单有效，能够较为准确地评估细集料的质量。

2.2.4 主要仪器设备

（1）烘箱：采用温度能保持在 105~110℃ 的烘箱。
（2）天平：称量为 500g，分度值为 0.01g；
（3）铝盒：根据所用铝盒号码可从实验室查出其质量。
（4）干燥器：通常使用附有氯化钙干燥剂的玻璃干燥缸。
（5）其他：玻璃称量瓶、削土刀、玻璃板或盛土容器等。

2.2.5 含泥量试验操作步骤

（1）试样准备。

将试样用四分法缩分至每份约 1000g，置于温度为（105±5）℃ 的烘箱中烘干至恒重，冷却至室温后，称取两份约 400g（m_0）的试样备用。

（2）试验步骤。

1）取其中一份烘干的试样置于筒中，并注入纯净的水，使水面高出砂面约 200mm，充分拌和均匀后浸泡 24h。然后用手在水中淘洗试样，使尘屑、淤泥和黏土与砂粒分离，并使之悬浮水中，缓缓地将浑浊液倒入 0.075~1.18mm 的套筛上，滤去小于 0.075mm 的颗粒。试验前筛子的两面应先用水湿润，在整个试验过程中应注意避免砂粒丢失。

注意：不得直接将试样放在 0.075mm 筛上用水冲洗，或者将试样放在 0.075mm 筛上后在水中淘洗，以避免误将小于 0.075mm 的砂颗粒当作泥冲走。

2）再次加水于筒中，重复上述过程，直至筒内砂样洗出的水清澈为止。

3）用水冲洗剩留在筛上的细粒，并将 0.075mm 筛放在水中（使水面略高出筛中砂粒的上表面）来回摇动，以充分洗除小于 0.075mm 的颗粒；然后将两筛上筛余的颗粒和筒中已经洗净的试样一并装入浅盘，置于温度为（105±5）℃ 的烘箱中烘干至恒重，冷却至室温，称取试样的质量（m_1）。

2.2.6 泥块含量试验操作步骤

(1) 试样准备。

将试样用分料器法或四分法缩分至每份约 2500g，置于温度为（105±50）℃的烘箱中烘干至恒重。将其冷却至室温后，用 1.18mm 筛筛分，取筛上的砂约 400g 分为两份备用。

(2) 试验步骤。

1) 取试样一份约 200g（m_2）置于容器中，并注入洁净的水，使水面至少超出砂面约 200mm，充分拌混均匀后，静置 24h。然后用手在水中捻碎泥块，再把试样放在 0.6mm 筛上，用水淘洗至水清澈为止。

2) 筛余下来的试样应小心地从筛里取出，并在（105±5）℃的烘箱中烘干至恒重，冷却至室温后称量（m_3）。

2.2.7 数据处理与结果分析

(1) 砂的含泥量按式（2-1）计算，精确至 0.1%。

$$Q_n = \frac{m_0 - m_1}{m_0} \times 100 \qquad (2-1)$$

式中：Q_n 为砂的含泥量，%；m_0 为试验前的烘干试样质量，g；m_1 为试验后的烘干试样质量，g。

(2) 泥块含量按式（2-2）计算，精确至 0.1%。

$$M_n = \frac{m_2 - m_3}{m_2} \times 100 \qquad (2-2)$$

式中：M_n 为砂的含泥量，%；m_2 为试验前的烘干试样质量，g；m_3 为试验后的烘干试样质量，g。

(3) 精密度或允许误差。以两个试样试验结果的算术平均值作为测定值。两次结果的差值超过 0.5%时，应重新取样进行试验。

2.2.8 试验记录表格

细集料含泥量试验记录表见表 2-12，细集料泥块含量试验记录表见表 2-13。

表 2-12 细集料含泥量试验记录表

试验次数	试样总质量/g	试验前烘干的试样质量/g	试验后烘干的试样质量/g	砂的含泥量 Q_n/% 个别	砂的含泥量 Q_n/% 平均
1					
2					

检测： 记录： 计算： 校核：

表 2-13　细集料泥块含量试验记录表

试验次数	试样总质量/g	试验前烘干的试样质量/g	试验后烘干的试样质量/g	砂的含泥量 M_n/% 个别	砂的含泥量 M_n/% 平均
1					
2					

检测：　　　　　　记录：　　　　　　计算：　　　　　　校核：

2.3　细集料氯离子含量试验

2.3.1　试验目的

氯离子是一种有害的离子，它在混凝土等建筑材料中的存在会加速钢筋的锈蚀过程，导致混凝土结构的破坏和性能下降。通过细集料氯离子含量试验，可以准确地测定细集料中氯离子的含量，从而判断细集料是否适合用于混凝土等建筑材料的生产。如果细集料中氯离子的含量过高，就需要采取相应的措施，如更换细集料、降低氯离子含量等，以确保混凝土等建筑材料的耐久性和使用寿命。

2.3.2　试验依据

《建设用砂》（GB/T 14684—2022）。

2.3.3　试验原理

细集料氯离子含量试验的原理主要是通过化学反应法检测细集料中氯离子的含量，原理主要是基于氯离子（Cl^-）与银离子（Ag^+）之间的特异性化学反应。该方法通常使用硝酸银（$AgNO_3$）作为滴定剂，因为氯离子（Cl^-）与银离子（Ag^+）反应生成氯化银（$AgCl$）沉淀，该反应是定量的，可以用于测定氯离子的含量。在试验中，将细集料样品与适量的水混合，形成悬浮液。然后加入硝酸银溶液，并用指示剂（如铬酸钾 K_2CrO_4）来指示滴定终点。当所有的氯离子都与银离子反应生成氯化银沉淀时，指示剂的颜色会发生变化，这标志着滴定的结束。通过记录消耗的硝酸银溶液的体积，并根据其浓度和反应方程式，可以计算出细集料中氯离子的含量。

2.3.4　主要仪器设备

（1）烘箱：温度能保持在（105±5）℃的烘箱。

（2）天平：量程不小于1000g，分度值不大于0.1g。

（3）三角瓶：300mL。

（4）移液管：50mL。

（5）滴定管：10mL 或 25mL，分度值 0.1mL。

(6) 容量瓶：500mL。

(7) 烧杯：1000mL。

(8) 其他：浅盘、毛刷等。

2.3.5 操作步骤

（1）试剂准备。0.01mol/L 硝酸银标准溶液：按《化学试剂 标准滴定溶液的制备》（GB/T 601—2016）配制 0.1mol/L 硝酸银并标定，储藏于棕色试剂瓶中。临用前取 10mL 置于 100mL 的容量瓶中，用煮沸并冷却的蒸馏水稀释至刻度线。铬酸钾指示剂溶液：称取 5g 铬酸钾溶于 50mL 蒸馏水中，滴加 0.01mol/L 硝酸银至有红色沉淀生成，摇匀，静置 12h，然后过滤并用蒸馏水将滤液稀释至 100mL。

（2）取样。按《建设用砂》（GB/T 14684—2022）规定取样，并将试样缩分至约 1100g，放在（105±5）℃的烘箱中烘干至恒重，待冷却至室温后，平均分为两份备用。

（3）称取试样 500g，精确至 0.1g，记为 m_f。将试样倒入烧杯中，用容量瓶量取 500mL 蒸馏水，注入烧杯。用玻璃棒搅拌砂水混合物后，用表面皿覆盖烧杯并将其置于水浴锅中加热，待其从室温加热至 80℃并且持续 1h 后停止加热。然后，每隔 5min 搅拌一次，共搅拌三次，使氯盐充分溶解。从水浴锅中将烧杯取出，静置溶液待其冷却至室温。将烧杯上部已澄清的溶液过滤，然后用移液管吸取 50mL 滤液，注入三角瓶中。再加入铬酸钾指示剂 1mL，用 0.01mol/L 硝酸银标准溶液滴定至呈现砖红色。将消耗的硝酸银标准溶液的毫升数记为 V_{f1}，精确至 0.1mL。

（4）空白试验。用移液管移取 50mL 蒸馏水注入三角瓶内，加入铬酸钾指示剂 1mL，并用 0.01mol/L 硝酸银标准溶液滴定至呈现砖红色。将此点消耗的硝酸银标准溶液的毫升数记为 V_{f2}，精确至 0.1mL。

2.3.6 数据处理与结果分析

（1）氯离子含量按式（2-3）计算。

$$Q_f = \frac{\rho_{AgNO_3}(V_{f1}-V_{f2})\times 0.0355\times 10}{m_f}\times 100\% \tag{2-3}$$

式中：Q_f 为氯化物含量，精确至 0.001%；ρ_{AgNO_3} 为硝酸银标准溶液的浓度，取 0.01，mol/L；V_{f1} 为样品滴定时消耗的硝酸银标准溶液的体积，mL；V_{f2} 为空白试验时消耗的硝酸银标准溶液的体积，mL；0.0355 为换算系数；10 为全部试验溶液与所分取试样溶液的体积比；m_f 为试样质量，g。

（2）精密度和允许差。含水率实验需进行二次平行实验，试验结果取其算术平均值，精确值 0.01%。

2.3.7 试验记录表格

细集料氯离子含量试验记录表见表 2-14。

表 2-14 细集料氯离子含量试验记录表

试验次数	m_f/g	ρ_{AgNO_3}/(mol/L)	V_{f1}/mL	V_{f2}/mL	Q_f/%	均值
1						
2						

检测：　　　　　　　记录：　　　　　　　计算：　　　　　　　校核：

2.4 细集料筛分试验

2.4.1 试验目的

细集料筛分试验是评估细集料质量、确定粒径大小及分布的重要手段，对于保障建筑材料的质量和性能具有重要意义。通过细集料筛分试验，可以了解细集料中各个粒径级配的比例和分布情形，这有助于评估细集料的均匀性和一致性，为混凝土等建筑材料的配合比设计和质量控制提供重要依据。

细集料筛分试验还可以确定细集料中颗粒的粒径大小分布范围。通过筛分试验得到的筛上和筛下的颗粒质量，可以计算出细集料的粒径分布曲线，并确定其粒径特征参数，如最大粒径、最小粒径、中位数粒径等。这些参数可以用于评估细集料的工程性能和适用性，为建筑材料的选用和质量控制提供重要参考。

2.4.2 试验依据

《建设用砂》（GB/T 14684—2022）。

2.4.3 试验原理

细集料筛分试验的试验原理主要是基于颗粒的粒径大小与筛网孔径的对应关系。该试验利用一系列具有不同孔径大小的标准筛网，将细集料样品按照粒径大小进行分离。

在试验过程中，首先将细集料样品置于最上层的筛网上（通常是孔径最大的筛网），然后通过摇动或振动的方式，使细集料颗粒通过筛网。由于筛网的孔径是已知的，因此只有粒径小于或等于筛网孔径的颗粒才能通过筛网，而粒径大于筛网孔径的颗粒则被留在筛网上。接着，将留在筛网上的颗粒收集起来，并置于下一层孔径较小的筛网上，再次进行筛分。这样，通过多次筛分，可以将细集料样品按照粒径大小分成若干个不同的级别，从而得到细集料的粒径分布信息。

细集料筛分试验的原理简单直观、操作方便，能够准确反映细集料的粒径分布情况。因此，在建筑材料、土木工程等领域中得到了广泛应用，是评估细集料质量和性能的重要手段之一。

2.4.4　主要仪器设备

（1）烘箱：温度能保持在（105±5）℃的烘箱。

（2）天平：量程不小于1000g，分度值不大于1g。

（3）试验筛：规格为 0.15mm、0.3mm、0.6mm、1.18mm、2.36mm、4.75mm 及 9.5mm 的筛。

（4）摇筛机。

2.4.5　操作步骤

（1）取样。按《建设用砂》（GB/T 14684—2022）规定取样，筛除大于9.5mm的颗粒，并算出其筛余百分率，并将试样缩分至约1100g，放在烘箱中于（105±5）℃下烘干至恒重，待冷却至室温后，平均分为两份备用。

（2）称取试样500g，精确至1g。将试样倒入按孔径大小从上到下组合的套筛（附筛底）上，然后进行筛分。

（3）将套筛置于摇筛机上，摇筛10min；取下套筛，按筛孔大小顺序再逐个用手筛，筛至每分钟通过小于试样总量0.1%为止。通过的试样并入下一号筛中，并和下一号筛中的试样一起过筛。这样按顺序进行，直至各号筛全部筛完为止。称出各号筛的筛余量，精确至1g。

（4）试样在各号筛上的筛余量（m_a）不应超过按式（2-4）计算出的值。

$$m_a = \frac{A \times \sqrt{d}}{200} \tag{2-4}$$

式中：m_a为在一个筛上的筛余量，g；A为筛面面积，mm^2；d为筛孔尺寸，mm；200为换算系数。

当超过按式（2-4）计算出的值时，应按下列方法之一处理。

方法一：将该粒级试样分成少于按式（2-4）计算出的量，分别筛分，并以筛余量之和作为该号筛的筛余量。

方法二：将该粒级及以下各粒级的筛余混合均匀，称出其质量，精确值1g。再用四分法缩分为两份，取其中一份，称出其质量，精确至1g，继续筛分。计算该粒级及以下各粒级的分计筛余量时应根据缩分比例进行修正。

2.4.6　数据处理与结果分析

（1）计算分计筛余百分率。各号筛的筛余量与试样总量之比，计算精确至0.1%。

（2）计算累计筛余百分率。该号筛的分计筛余百分率加上该号筛以上各分计筛余百分率之和，精确至0.1%。筛分后，当每号筛的筛余量与筛底的剩余量之和同原试样质量之差超过1%时，应重新试验。

（3）砂的细度模数应按式（2-5）计算，并精确至0.01。

$$M_x = \frac{(A_2 + A_3 + A_4 + A_5 + A_6) - 5A_1}{100 - A_1} \quad (2\text{-}5)$$

式中：M_x 为细度模数；A_1、A_2、A_3、A_4、A_5、A_6 分别为 4.75mm、2.36mm、1.18mm、0.6mm、0.3mm、0.15mm 筛的累计筛余百分率。

（4）精密度和允许差。分计筛余、累计筛余百分率取两次试验结果的算术平均值，精确至 1%。细度模数取两次试验结果的算术平均值，精确至 0.1；如果两次试验的细度模数之差超过 0.2 时，应重新试验。

2.4.7 试验记录表格

细集料筛分试验记录表见表 2-15。

表 2-15 细集料筛分试验记录表

试验次数	筛孔尺寸/mm	筛余质量/g	分计筛余百分率	累计筛余百分率	通过百分率
1	4.75				
	2.36				
	1.18				
	0.6				
	0.3				
	0.05				
2	4.75				
	2.36				
	1.18				
	0.6				
	0.3				
	0.05				

检测： 记录： 计算： 校核：

2.5 粗集料针、片状颗粒含量试验

2.5.1 试验目的

（1）本方法适用于测定水泥混凝土使用的 4.75mm 以上的粗集料的针状及片状颗粒含量，以百分率计。

（2）本方法用于评估粗集料中针状和片状颗粒的含量，以了解粗集料的形状特征和质量状况。这一指标对于评价粗集料在工程中的适用性、抗压碎能力和工程性质具有重要意义。

2.5.2 试验依据

《建设用卵石、碎石》（GB/T 14685—2022）。

2.5.3 试验原理

本方法测定的针、片状颗粒，是指使用专用规准仪测定的粗集料颗粒的最小厚度（或直径）方向与最大长度（或宽度）方向的尺寸之比小于一定比例的颗粒。首先通过随机取样的方式采集待测试样，并按照规定的粒级进行筛分。其次，使用规准仪或游标卡尺等工具，对筛分后的颗粒进行逐一鉴定，区分出针状和片状颗粒。最后，通过计算针状和片状颗粒的总质量与试样总质量的比值，得出针、片状颗粒的含量。该试验可以了解粗集料中针状和片状颗粒的分布情况，从而判断粗集料的形状是否规则、表面是否平整。

2.5.4 主要仪器设备

（1）水泥混凝土集料针状规准仪和片状规准仪如图 2-1 和图 2-2 所示。片状规准仪的钢板基板厚度 3mm，尺寸应符合表 2-16 的要求。

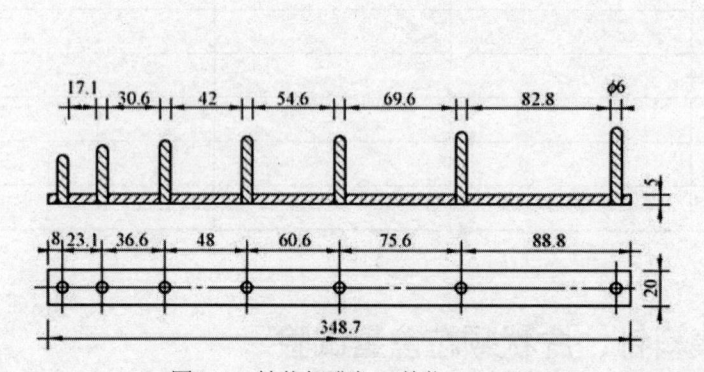

图 2-1 针状规准仪（单位：mm）

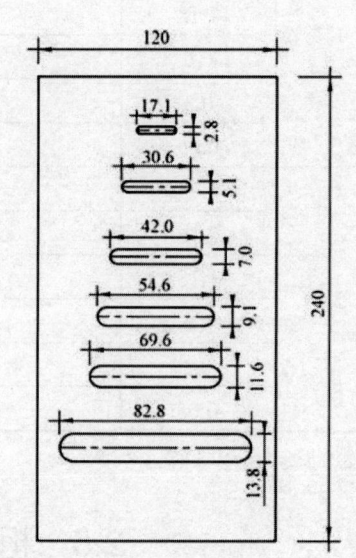

图 2-2 片状规准仪（单位：mm）

表 2-16 水泥混凝土集料针、片状颗粒试验的粒级划分及其相应的规准仪孔宽或间距

项目	粒级（方孔筛）/mm					
	4.75～9.5	9.5～16	16～19	19～26.5	26.5～31.5	31.5～37.5
针状规准仪上相对应的立柱之间的间距宽/mm	17.1 (B_1)	30.6 (B_2)	42.0 (B_3)	54.6 (B_4)	69.6 (B_5)	82.8 (B_6)
片状规准仪上相对应的孔宽/mm	2.8 (A_1)	5.1 (A_2)	7.0 (A_3)	9.1 (A_4)	11.6 (A_5)	13.8 (A_6)

（2）天平或台秤：感量不大于称量值的0.1%。

（3）标准筛：孔径分别为4.75mm、9.5mm、16mm、19mm、26.5mm、31.5mm、37.5mm，试验时根据需要选用。

2.5.5 操作步骤

（1）将试样在室内风干至表面干燥，并用四分法或分料器法缩分至满足《建设用卵石、碎石》（GB/T 14685—2022）规定的质量，称量 m_0。将试样筛分成表2-17所规定的粒级备用。

表2-17 针、片状颗粒试验所需的试样最小质量

项目	公称最大粒径/mm						
	9.5	16	19	26.5	31.5	37.5	37.5	37.5
试样的最小质量/kg	0.3	1	2	3	5	10	10	10

（2）目测挑出接近立方体形状的规则颗粒，将目测有可能属于针、片状颗粒的集料，按粒级用规准仪逐粒对试样进行针状颗粒鉴定。挑出颗粒长度大于针状规准仪上相应间距而不能通过的颗粒，其为针状颗粒。

（3）将通过针状规准仪上相应间距的非针状颗粒逐粒对试样进行片状颗粒鉴定，挑出厚度小于片状规准仪上相应孔宽能通过的颗粒，其为片状颗粒。

（4）称量由各粒级挑出的针状颗粒和片状颗粒的质量，其总质量为 m_1。

2.5.6 数据处理与结果分析

水泥混凝土用碎石或砾石中针、片状颗粒含量按式（2-6）计算。

$$Q_e(\%) = \frac{m_1}{m_0} \times 100 \tag{2-6}$$

式中：Q_e 为试样的针片状颗粒含量，%；m_1 为试样中所含针状颗粒与片状颗粒的总质量，g；m_0 为试样总质量，g。

注意：如果需要，可以分别计算针状颗粒和片状颗粒的含量百分数。

2.5.7 试验记录表格

粗集料针、片状颗粒含量试验试验记录表见表2-18。

表2-18 粗集料针、片状颗粒含量试验记录表

项目	粒级/mm						合计
	5~10	10~16	16~20	20~25	25~31.5	31.5~40	
各级筛余重/g							
各级针状颗粒重/g							

续表

项目	粒级/mm						合计
	5～10	10～16	16～20	20～25	25～31.5	31.5～40	
各级片状颗粒重/g							
针片状总含量百分率/%							

检测：　　　　　记录：　　　　　计算：　　　　　校核：

2.6　粗集料压碎指标试验

2.6.1　试验目的

集料压碎值是通过模拟实际工程应用中粗集料所受的压应力来评估其抵抗压碎的能力。这一指标是评估粗集料力学性质的重要参数，对于确保路面、桥梁、铁路等工程结构的耐久性和稳定性至关重要。通过压碎指标试验，可以了解不同粗集料在逐渐增加的荷载下的抗压性能，从而选择合适的粗集料材料，优化工程设计，提高工程质量和使用寿命。

2.6.2　试验依据

《建设用卵石、碎石》（GB/T 14685—2022）。

2.6.3　试验原理

粗集料压碎指标试验是基于材料力学和岩石力学的基本理论。在压应力的作用下，粗集料中的颗粒会发生弹性变形和塑性变形。当压力超过颗粒的极限强度时，颗粒将发生破碎。而粗集料的整体强度则取决于其内部颗粒的强度和相互之间的连接方式。因此，通过测量粗集料在压应力下的破碎程度，可以评估其内部颗粒的强度和连接方式的优劣，从而判断其抵抗压碎的能力。

在试验中，首先选取具有代表性的粗集料样品，并对其进行预处理，如烘干、筛分等，以确保试验结果的准确性和可靠性。其次，将处理后的粗集料样品装入试验设备中，通常为具有标准内径和两端开口的圆柱形试筒内。接着，通过施加逐渐增大的压力，使粗集料样品在试筒内受到均匀的压应力。在压应力的作用下，粗集料样品中的颗粒会相互挤压、摩擦和破碎。随着压力的增加，破碎的颗粒数量逐渐增多，粗集料的整体强度逐渐降低。当压力达到一定程度时，粗集料样品将完全破碎，无法再承受更大的压力。当施加一定的压力后，将破碎的粗集料样品从试筒中取出，并通过标准筛进行筛分。筛分后，测量留在筛网上的颗粒质量，并计算其与原始样品质量的比例，即为该压力下的压碎值。

2.6.4　主要仪器设备

（1）压碎值试验仪：由内径150mm、两端开口的钢制圆形试筒、压柱和底板组成，其形状和尺寸见图 2-3 和表 2-19。试筒内壁、压柱的底面及底板的上表面等与粗集料接触的表面都应进行热处理，使表面硬化，达到维氏硬度 65，并保持光滑状态。

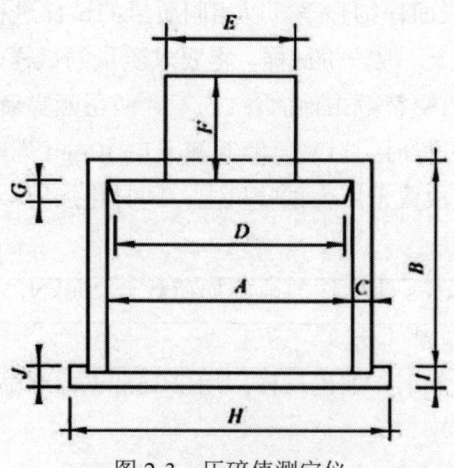

图 2-3　压碎值测定仪

表 2-19　试筒、压柱和底板尺寸

部位	符号	名称	尺寸/mm
试筒	A	内径	150±0.3
	B	高度	125～128
	C	壁厚	≥12
压柱	D	压头直径	149±0.2
	E	压杆直径	100～149
	F	压柱总长	100～110
	G	压头厚度	≥25
底板	H	直径	200～220
	I	厚度（中间部分）	6.4±0.2
	J	边缘厚度	10±0.2

（2）金属棒：直径为 10mm，长 450～600mm，一端加工成半球形。

（3）天平：称量 2～3kg，感量不大于 1g。

（4）标准筛：筛孔尺寸为 13.2mm、9.5mm、2.36mm 孔筛各一个。

（5）压力试验机：500kN，应能在 10min 内达到 400kN。

（6）金属筒：圆柱形，内径 112.0mm，高 179.4mm，容积 1767cm^3。

2.6.5　操作步骤

（1）取样。采用风干试样用 13.2mm 和 9.5mm 的标准筛过筛，取 9.5～13.2mm 的试样三组各 3000g，供试验用。每次试验的试样数量应满足按下述方法。夯击后的试样在试筒内的深度为 100mm。在金属筒中确定试样数量的方法如下：将试样分三次（每次数量大体相同）均匀装入试模中，每次均将试样表面整平，用金属棒的半球面端从石料表面上均匀捣实 25 次。最后用金属棒作为直刮刀将表面仔细整平。以相同质量的试样进行压碎值的平行试验。

（2）将试筒安放在底板上。取一份试样，将要求质量的试样分两层（每次数量大体相同）装入圆模内。将筒按住，左右交替颠击地面各 25 下。两层颠实后，整平模内试样表面，盖上压头。当圆模装不下 3000g 试样时，以装至距圆模上口 10mm 为准。

（3）将装有试样的圆模放置于压力试验机上，同时将加压头放入试筒内试样面上，注意将压头摆平，勿挤压试模侧壁。

（4）开动压力机，按 1kN/s 速度均匀地施加荷载至 200kN，并稳荷 5s，然后卸荷。取下加压头，倒出试样，并称其质量（m_{g1}）。

（5）将试模从压力机上取下，取出试样。用 2.36mm 标准筛筛分经压碎的全部试样，称出留在筛上的试样质量（m_{g2}）。

2.6.6 数据处理与结果分析

（1）粗集料压碎值按式（2-7）计算，精确至 0.1%。

$$Q_g = \frac{m_{g1} - m_{g2}}{m_{g1}} \times 100\% \qquad (2\text{-}7)$$

式中：Q_g 为压碎指标；m_{g1} 为试验前试样质量，g；m_{g2} 为试验后通过 2.36mm 筛孔的细料质量，g。

（2）精密度或允许误差。

以三次试样平行试验结果的算术平均值作为压碎值的测定值，并精确至 1%。

2.6.7 试验记录表格

粗集料压碎指标试验记录表见表 2-20。

表 2-20 粗集料压碎指标试验记录表

试验次数	试验前试样质量 m_{g1}/g	试验后通过 2.36mm 的筛孔的细料质量 m_{g2}/g	压碎值/% 个别	压碎值/% 平均
1				
2				
3				

检测：　　　　记录：　　　　计算：　　　　校核：

2.7 粗集料筛分试验

2.7.1 试验目的

粗集料筛分试验的直接目的是确定粗集料中不同粒径颗粒的百分比含量。首先，这些颗粒的大小和分布对材料的力学性质、工程性能以及耐久性有着显著影响。通过筛分试验，可以获得粗集料的颗粒级配曲线，进而评估其是否符合相关工程规范和设计要求。例如，在公路工程中，粗集料的颗粒级配曲线对沥青混合料的稳定性和耐久性具有重要影响，因此必须通过筛分试验来确保所选用的粗集料满足要求。其次，粗集料筛分试验还有助于优化材料选择。在工程设计中，材料的选择直接决定了工程的质量、性能和成本。通过筛分试验，可以了解不同粗集料的颗粒组成和分布情况，从而比较它们的物理特性和工程性能。这有助于工程师根据具体工程需求选择合适的粗集料，以实现最佳的性能和经济效益。最后，粗集料筛分试验还可以用于控制工程质量。通过对不同批次或来源的粗集料进行筛分试验，可以比较其颗粒级配的差异，从而判断其质量是否稳定可靠。对于不满足要求的粗集料，可以采取相应的处理措施或更换材料，以确保工程质量。

2.7.2　试验依据

《建设用卵石、碎石》（GB/T 14685—2022）。

2.7.3　试验原理

粗集料筛分试验的试验原理主要是基于颗粒的粒径大小与筛网孔径的对应关系。具体来说，通过机械或手动操作，使不同粒径的粗集料颗粒通过一系列筛孔逐渐分离，从而得到各粒径范围内的颗粒质量分布。

在粗集料筛分试验中，首先需要将待测试的粗集料样品按照规定的方法进行预处理，如烘干、破碎等，以确保试验结果的准确性和可靠性。其次，将处理后的粗集料样品放置在筛分设备中，这些设备通常由一系列具有不同孔径的筛网组成，筛网的孔径大小根据试验要求确定。试验开始时，通过机械振动或手动摇动的方式，使粗集料在筛分设备中进行分离。随着筛分的进行，较大粒径的颗粒将被逐渐留在筛网上，而较小粒径的颗粒则通过筛孔落入下方的收集容器中。通过不断重复这一过程，最终可以将粗集料样品中不同粒径的颗粒完全分离。

在筛分过程中，需要严格控制试验条件，如筛分时间、筛分速度、筛分设备等，以确保试验结果的准确性和可靠性。同时，还需要对筛分后的颗粒进行称重和记录，以便后续的数据分析和处理。通过粗集料筛分试验，可以得到各粒径范围内的颗粒质量分布数据。这些数据对于评估粗集料的物理性质具有重要意义，如颗粒的形状、大小、表面特征等。同时，这些数据还可以为混凝土或沥青混合料的配合比设计提供重要依据。

2.7.4　主要仪器设备

（1）烘箱：温度能保持在（105±5）℃的烘箱。

（2）天平：分度值不大于最少试样质量的0.1%。

（3）试验筛：孔径为2.36mm、4.75mm、9.5mm、16mm、19mm、26.5mm、31.5mm、37.5mm、

53mm、63mm、75mm 及 90mm 的方孔筛，并附有筛底和筛盖，筛框内径为 300mm。

（4）摇筛机。

（5）浅盘。

2.7.5 操作步骤

（1）取样。按规定取样，并将试样缩分至不小于表 2-21 规定的质量，烘干或风干后备用。

表 2-21 颗粒级配试验所需最少试样质量

最大粒径/mm	9.5	16	19	26.5	31.5	37.5	63	≥75
最少试样质量/kg	1.9	3.2	3.8	5	6.3	7.5	12.6	16

（2）称取规定的试样后，将试样倒入按孔径大小从上到下组合的套筛（附筛底）上，然后进行筛分。

（3）将套筛置于摇筛机上，摇筛 10min；取下套筛，按筛孔大小顺序再逐个用手筛，筛至每分钟通过量小于试样总量的 0.1% 为止。通过的试样并入下一号筛中，并和下一号筛中的试样一起过筛，这样顺序进行，直至各号筛全部筛完为止。当筛余颗粒的粒径大于 19mm 时，在筛分过程中，允许用手指拨动颗粒。

（4）称出各号筛的筛余量，精确至 1g。

2.7.6 数据处理与结果分析

（1）计算分计筛余百分率。各号筛的筛余量与试样总量之比，计算精确至 0.1%。

（2）计算累计筛余百分率。该号筛的分计筛余百分率加上该号筛以上各分计筛余百分率之和，精确至 1%。筛分后，当每号筛的筛余量与筛底的剩余量之和同原试样质量之差超过 1% 时，应重新试验。

（3）根据各号筛的累计筛余百分率评定该试样的颗粒级配。

（4）精密度和允许差。分计筛余、累计筛余百分率取两次试验结果的算术平均值，精确至 1%。

2.7.7 试验记录表格

细集料筛分试验记录表见表 2-22。

表 2-22 细集料筛分试验记录表

试验次数	筛孔尺寸/mm	筛余质量/g	分计筛余百分率	累计筛余百分率	通过百分率
1	90				
	75				
	63				

续表

试验次数	筛孔尺寸/mm	筛余质量/g	分计筛余百分率	累计筛余百分率	通过百分率
1	53				
	37.5				
	31.5				
	26.5				
	19				
	16				
	9.5				
	4.75				
	2.36				
2	90				
	75				
	63				
	53				
	37.5				
	31.5				
	26.5				
	19				
	16				
	9.5				
	4.75				
	2.36				

检测：　　　　　记录：　　　　　计算：　　　　　校核：

第 3 章　水泥技术性能试验检测实训

3.1　概　　述

3.1.1　水泥分类

在建筑领域，水泥被广泛用于制造混凝土、砂浆等，是土木建筑、水利、国防等工程的重要材料。用水泥、砂石、钢筋制成的钢筋混凝土，不仅强度高，而且具有承重、防腐蚀、抗冻、耐高温、抗震等多种优良性能，被广泛应用于桥梁工程、隧道工程、海防工程、地下工程和建筑工程等领域。水泥作为一种粉状水硬性无机胶凝材料，加水搅拌后能形成浆体，这种浆体既能在空气中硬化也能在水中硬化，并能将砂、石等材料牢固地胶结在一起。水泥的早期功能主要是作为胶凝材料，将碎石或砖类牢固地、永久地胶结在一起，其胶结能力和持久性是其他化学凝胶材料无法比拟的。

水泥的品种很多，其主要成分分为硅酸盐水泥、铝酸盐水泥、硫铝酸盐水泥和磷酸盐水泥。按水泥的用途和性能又可分为通用水泥、专用水泥和特种水泥：通用水泥是指用于一般土木工程的水泥；专用水泥是指具有专门用途的水泥，如油井水泥、砌筑水泥、大坝水泥；特种水泥是指具有某种特殊性能的水泥，如膨胀水泥、白色水泥等。

通用硅酸盐水泥按混合材料的品种和掺量分为硅酸盐水泥、普通硅酸盐水泥、矿渣硅酸盐水泥、火山灰硅酸盐水泥和粉煤灰硅酸盐水泥，其强度等级分类见表 3-1。

表 3-1　通用硅酸盐水泥的分类和强度等级

水泥名称	代号	强度等级
硅酸盐水泥	P·I、P·II	42.5、42.5R、52.5、52.5R、62.5、62.5R
普通硅酸盐水泥	P·O·A、P·O·B	42.5、42.5R、52.5、52.5R
矿渣硅酸盐水泥	P·S	32.5、32.5R、42.5、42.5R、52.5、52.5R
火山灰硅酸盐水泥	P·P	
粉煤灰硅酸盐水泥	P·F	

3.1.2　取样方法及试验要求

（1）取样方式。水泥的取样方式依据《水泥取样方法》（GB/T 12573—2008）进行。常用的水泥有散装水泥和袋装水泥两类，对应的取样方式分为以下两种。

1）散装水泥。按照规定的组批原则，从不少于三个罐车中随机采集等量水泥，经混合拌匀后，再从中称取不少于12kg水泥作为试样。取样时应选用槽型管状取样器，即通过转动取样器内管控制开关，在适当位置插入水泥一定深度，关闭控制开关后小心抽出，最后将所取试样放入洁净、干燥、不易受污染的容器中。

2）袋装水泥。按照规定的组批原则，从不少于20袋水泥中随机采集等量水泥，经混合拌匀后，再从中称取不少于12kg水泥作为试样。取样时采用袋装水泥取样器取样，将取样器沿对角线插入水泥包装袋中，用大拇指按住气孔，小心抽出取样管后，将所取样品放入洁净、干燥、不易受污染的容器中。

（2）取样数量。

1）散装水泥。每规定的组批中5min至少取6kg。

2）袋装水泥。每规定的组批从一袋中至少取6kg。

（3）试验要求。

1）试验温度为17～25℃，相对湿度大于50%。养护室温度为（20±1）℃，相对湿度大于90%。

2）当试验水泥从取样至试验要求保持在24h以上时，应把它贮存在基本装满且气密的容器里。这个容器应不与水泥起反应。

3）试验用水应采用洁净的淡水，有争议时也可采用蒸馏水。

4）水泥试样应充分搅拌均匀，并通过0.9mm方孔筛，记录其筛余物情况。

5）试验所用的材料、设备和器具的温度应与试验温度一致。

（4）试样制备。

1）试样缩分：试样缩分采用二分器。一次或多次将样品缩分到标准要求的规定量，每一编号所取水泥单样过0.9mm方孔筛后充分混匀，均分为实验样和封存样两种类型。存放样品的容器应加盖标有编号、取样时间、取样地点和取样人的密封印，样品不得混入杂物和结块。

2）试样贮存：制配好的试样应存放在密封的金属容器中并加封条。容器应洁净、干燥、防潮、密闭、不易破损、不与水泥发生反应。封存样应密封贮存，贮存期应符合相应水泥标准的规定。

3.1.3 水泥主要技术指标

（1）细度。水泥的细度是指水泥颗粒的总体粗细程度。水泥细度的大小对水泥制品的经济技术性能有很大影响，水泥颗粒粒径一般在0.007～0.2mm之间。水泥颗粒越细，水化速度越快且越彻底，产生的强度就越大，但成本较高，硬化收缩量较大。如果水泥颗粒过粗，则不利于水泥活性的发挥。水泥的细度可用比表面积和筛分法进行检验。硅酸盐水泥的比表面积应大于300m^2/kg，但不大于400m^2/kg。普通硅酸盐水泥、矿渣硅酸盐水泥、火山灰硅酸盐水泥、粉煤灰硅酸盐水泥和复合硅酸盐水泥的细度采用筛分检验，其0.045mm方孔筛筛余量不得超过5%。

（2）凝结时间。水泥的凝结时间分为初凝和终凝。由于水泥初凝和终凝时间的长短对施工各个环节具有较大影响，因此规范规定硅酸盐水泥的初凝时间不小于45min，终凝时间不大于390min。普通硅酸盐水泥、矿渣硅酸盐水泥、火山灰硅酸盐水泥、粉煤灰硅酸盐水泥和复合硅酸盐水泥的初凝时间不小于45min，终凝时间不大于600min。

（3）体积安定性。水泥的体积安定性是指水泥在凝结硬化过程中体积变化的均匀性。体积变化不均匀，即水泥的体积安定性不良，会使水泥制品产生膨胀性裂缝。水泥在凝结硬化过程中，体积变化均匀，称为安定性合格。水泥的体积安定性用沸煮法或压蒸法检验必须合格，否则应按废品处理。

（4）强度。水泥的强度是水泥的最主要性能指标，水泥的强度等级按规定龄期的抗压强度和抗折强度来划分。常用的通用硅酸盐水泥各龄期强度要求见表3-2。

表3-2　通用硅酸盐水泥各龄期强度要求

强度等级	抗压强度/MPa		抗折强度/MPa	
	3d	28d	3d	28d
32.5	12	32.5	3	5.5
32.5R	17	32.5	4	5.5
42.5	17	42.5	4	6.5
42.5R	22	42.5	4	6.5
52.5	22	52.5	4	7
52.5R	27	52.5	5	7
62.5	27	62.5	5	8
62.5R	32	62.5	5.5	8

（5）水泥胶砂流动度。水泥胶砂流动度以水泥胶砂在流动桌上扩展的平均直径（单位为mm）表示。通过测量水泥胶砂在特定条件下扩展的直径，可以评估其流动性能。根据实际需要和材料特性，可以选择不同的流动度标准值。一般来说，水泥胶砂的流动度应不小于180mm。当流动度小于180mm时，可以通过调整水灰比来提高其流动性能。

3.2　水泥细度试验（负压筛法）

3.2.1　试验目的

通过水泥细度检测，可以了解水泥的颗粒分布和粒径大小，作为评定水泥品质的物理指标之一。

3.2.2　试验依据

《水泥细度检验方法　筛析法》（GB/T 1345—2005）。

3.2.3 试验原理

负压筛法主要基于水泥颗粒在气流作用下的筛分行为。在负压筛析仪启动后,吸尘器和同步电机开始工作,使得筛座内保持在负压状态下。试验筛上面的待测水泥细粉在喷嘴喷出的气流的作用下变为动态,其中粒径小于筛网孔径的细粉在负压作用下通过试验筛被吸走,而粒径大于筛网的细粉则留在试验筛上,从而完成筛分。通过这样的过程,样品中的水泥颗粒被有效地分离开来,从而实现了对水泥细度的测定。这种试验方法利用了气流的动力学特性和负压的抽吸作用,使得筛分过程更加高效和准确。同时,由于采用了负压系统,还可以有效地避免水泥颗粒在筛分过程中的飞扬和污染,保证了试验结果的准确性和可靠性。

3.2.4 主要仪器设备

(1) 负压筛:负压筛由圆形筛框和筛网组成。筛框直径为 142mm,高为 25mm,筛孔为 0.08mm。

(2) 负压筛析仪:由筛座、负压筛、负压源及收尘器组成。其中筛座由转速为(30±2)r/min 的喷气嘴、负压表、控制板、微电机及壳体等组成。负压为 4000～6000Pa,喷气嘴的上口平面与筛网之间距离为 2～8 mm。

(3) 天平:最大称量 100g,分度值不大于 0.01g。

3.2.5 操作步骤

(1) 正式开始筛析试验前,先接通电源打开仪器,检查仪器是否能够达到-4000～6000Pa 负压压力。当负压低于-4000Pa 时,应先清理洗尘器中的水泥积存物,以保证达到负压要求。

(2) 称取过筛的水泥试样 25g,精确至 0.01g,记作 m_0,置于洁净的负压筛中,盖上筛盖并放在筛座上。

(3) 启动并连续筛析 2min,在此期间如果有试样黏附于筛盖,可轻轻敲击使试样落下。

(4) 筛毕后取下筛盖,用天平称量筛余物的质量,记作 m_1,精确至 0.01g。用筛余物的多少表示水泥细度。

3.2.6 数据处理与结果分析

(1) 水泥试样筛余百分率按式(3-1)计算。

$$F = \frac{m_1}{m_0} \times 100\% \tag{3-1}$$

式中:F 为水泥试样的筛余百分率;m_1 为水泥筛余物的质量,g;m_0 为水泥试样的质量,g。

(2) 精密度和允许差。结果计算精确至 0.1%。每个样品应称取两个试样分别筛析,取筛余百分率的平均值作为筛析结果。当两次筛余百分率绝对误差大于 0.5%时(筛余百分率大于 5%时可放宽至 1%)应再做一次试样,取两次相近结果的算术平均值作为结果。

3.2.7 试验记录表格

水泥细度试验记录表（负压筛法）见表3-3。

表3-3 水泥细度试验记录表（负压筛法）

试验次数	试样质量/g	筛余物质量/g	筛余百分率	
			个别	平均
1				
2				

检测：　　　　　记录：　　　　　计算：　　　　　校核：

3.3 水泥标准稠度用水量试验

3.3.1 试验目的

测定水泥标准稠度用水量，可以消除试验条件的差异，使得不同批次或不同来源的水泥在凝结时间和体积安定性的测定上具有可比性。通过此项试验测定水泥达到标准稠度时的用水量，可作为凝结时间和安定性试验用水量的标准。

3.3.2 试验依据

《水泥标准稠度用水量、凝结时间、安定性检验方法》（GB/T 1346—2011）。

3.3.3 试验原理

水泥标准稠度净浆对标准试杆的沉入具有一定的阻力，从而可以准确地评估水泥的稠度性能，并确定其达到标准稠度的用水量。这种方法具有操作简便、结果准确的优点，是水泥质量控制中常用的试验方法之一。

在试验中，首先按照规定的比例和步骤将水泥与水混合，制备成水泥浆。然后，将制备好的水泥浆装入试模中，用小刀插捣，并轻轻振动数次，以排除其中的气泡并使其均匀分布。将试模和底板移到维卡仪上，并将试杆置于水泥浆表面。通过控制试杆的下落速度和时间，使其垂直自由地沉入水泥浆中。在试杆停止沉入或释放试杆30s后，记录试杆距底板之间的距离。当水泥浆的稠度适中时，试杆会沉入一定的深度，并且这个深度与标准稠度相对应。通过比较不同加水量下试杆沉入深度的变化，可以确定水泥达到标准稠度时所需的用水量。

3.3.4 主要仪器设备

（1）标准维卡仪：由底座、滑动杆、试杆及试针组成，如图3-1所示。标准稠度试杆由有效长度为（50±1）mm，直径为（10±0.05）mm的圆柱形耐磨腐蚀金属制成。初凝针的有效长度为（50±1）mm。终凝针的有效长度为（30±1）mm，其直径为（1.13±0.05）mm。滑动部分的总质量为（300±1）g。

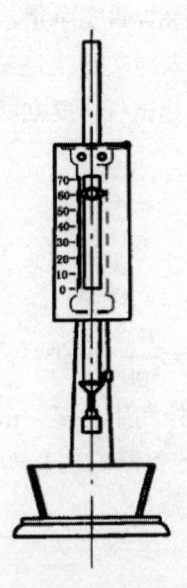

图 3-1　标准维卡仪（单位：mm）

（2）盛装水泥浆的圆台形试模：试模深度为（40±0.2）mm，顶内径为（65±0.5）mm，底内径为（75±0.5）mm 的截圆锥体。每个试模应配备一个边长或直径为100mm，厚度为4～5mm 的平板玻璃底板或金属底板。

（3）水泥净浆搅拌机。根据《水泥净浆搅拌机》(JC/T 729—2005) 规定，该搅拌机由搅拌叶片、搅拌锅、传动机构和控制系统组成，并应符合以下规定：搅拌锅与搅拌叶片的间隙为（2±1）mm；搅拌程序为先低速搅拌 120s，停 15s，再高速搅拌 120s。

（4）量水器：精度为±0.5mL。

（5）天平：量程不小于 1000g，感量不大于 1g。

3.3.5　操作步骤

（1）准备工作。试验前的准备工作有维卡仪的滑动杆能自由滑动试模；玻璃底板用湿布擦拭，将试模放在底板上，调整至试杆接触玻璃板时指针对准零点，搅拌机正常运行。

（2）水泥浆的拌制。水泥净浆搅拌机先用湿布擦过，将拌和水倒入搅拌锅内，然后在 5～10s 内将称好的 500g 水泥加入水中，防止水和水泥溅出。将搅拌锅安置在搅拌设备上，启动搅拌机，按照规定设置的搅拌方式搅拌（搅拌方式是先低速搅拌 120s，停 15s，再高速搅拌 120s，停机）。

完成搅拌后，随即将搅拌好的水泥浆装填到玻璃板上的圆台形试模中，用小刀插捣，并轻轻振动数次，保证水泥净浆装填密实，刮去多余的水泥浆并抹平。

（3）标准稠度用水量的测定。抹平后立即将试模和底板移到维卡仪上，并将其中心定在试杆下,降低试杆直至与水泥浆表面接触,拧紧螺丝1~2s后突然打开,使试杆垂直自由地沉入水泥浆中。在试杆停止沉入或释放30s时记录试杆距离底板之间的距离。当试杆沉入水泥浆并距底板(6±1)mm时,该水泥浆为标准稠度净浆。此时其拌和用水量为水泥标准稠度用水量,以水和水泥质量的百分比计。如果未能实现上述试验结果,则应调整加水量重新试验,直至达到规定的试验结果。每次测试后升起试杆,要立即擦净试杆上的水泥浆。整个操作过程应在搅拌后1.5min内完成。

3.3.6 数据处理与结果分析

(1)水泥标准稠度用水量按式(3-2)计算:

$$P = \frac{W}{500} \times 100\% \tag{3-2}$$

式中:P为标准稠度用水量,%;W为拌和用水量,mL(或g)。

(2)精密度和允许差。到达初凝或终凝时应立即重复测定一次,当两次结论相同时,才能定位到达初凝状态或终凝状态。

3.3.7 试验记录表格

水泥标准稠度用水量实验记录表见表3-4。

表3-4 水泥标准稠度用水量实验记录表

测定次数	1	2	3	4	5	6
试样质量/g						
加水量/mL						
试杆下沉距底部距离/mm						
标准稠度用水量/%						

检测: 记录: 计算: 校核:

3.4 水泥凝结时间试验

3.4.1 试验目的

水泥凝结时间试验主要测定水泥的初凝时间和终凝时间:从加水开始到水泥浆开始失去塑性、流动性减小的时间为初凝时间;从加水开始到水泥浆完全失去塑性、开始具有一定结构强度的时间为终凝时间。通过测量这两个时间点,可以确定水泥的凝结时间是否在规定的范围内,从而评估水泥的质量。但需要说明的是,水泥的凝结时间测定仅作为水泥的技术性质判定,它在标准稠度用水量情况下的凝结时间,并不能作为水泥浆的凝结时间的判定依据,更不能作为水泥砂浆和水凝混凝土的凝结时间的判定依据。

3.4.2 试验依据

《水泥标准稠度用水量、凝结时间、安定性检验方法》(GB/T 1346—2011)。

3.4.3 试验原理

水泥初凝和终凝试验的测定主要是基于水泥与水混合后水化反应的过程以及由此产生的物理和化学变化。当水泥与水混合后，水泥中的硅酸盐矿物会立即开始与水发生水化反应，形成水化产物。这些水化产物会逐渐填充在水泥颗粒之间，形成凝胶状物质。

在初凝阶段，随着水化反应的进行，凝胶状物质逐渐增多，水泥浆开始失去流动性，但仍具有一定的可塑性。此时，水泥浆的结构开始变得紧密，但还未达到完全硬化的状态。初凝时间的测定是通过观察水泥浆流动性的变化来确定的。而终凝阶段则是指水泥浆完全失去流动性，开始产生结构强度的过程。随着水化反应的进一步进行，凝胶状物质不断增加并相互连接，形成坚固的网状结构。当这种结构足够强大时，水泥浆就会失去流动性，并开始产生强度。终凝时间的测定是通过观察水泥浆是否完全失去流动性来确定的。

3.4.4 主要仪器设备

（1）标准维卡仪，如图 3-1 所示。
（2）盛装水泥浆的圆台形试模。
（3）水泥净浆搅拌机。
（4）量水器：精度为±0.5mL。
（5）天平：量程不小于 1000g，感量不大于 1g。

3.4.5 操作步骤

（1）试样制备。以标准稠度用水量，按上述方法制成标准稠度净浆后，立即一次性装满圆模，振动数次后刮平，立即放入湿气养护箱内。将水泥全部加入水中的时间作为凝结时间的起始时间。

（2）初凝时间的测定。试样在湿气养护箱中养护至加水后 30min 时，进行第一次测定。

测定时，从湿气养护箱中取出试模放到试针下，使试针与水泥浆表面接触，拧紧螺丝 1～2s 后突然放松，使试针垂直自由地沉入水泥浆中。观察试针停止下沉或释放试针 30s 时指针的读数。当试针沉至距底板（4±1）mm 时为水泥达到初凝状态，由水泥全部加入水中至初凝状态的时间为初凝时间，用 min 表示。

（3）终凝时间的测定。在完成初凝时间的测定后，立即将试模连同浆体以平移的方式从玻璃板上取下，翻转 180°，直径大端向上，小端向下放在玻璃板上，再将其放入湿气养护箱中继续养护。临近终龄时间时每隔 15min 测定一次，当试针沉入试体 0.5mm 时，即环形附件开始不能在试体上留下痕迹时,为水泥全部加入水中至终凝状态的时间为水泥的终凝时间,用 min 表示。

(4)测定注意事项。在最初测定时应轻轻扶持金属柱,使其徐徐下降,以防试针被撞弯,但结果以自由下落为准。在整个测试过程中试针沉入的位置至少要距离试模内壁 10mm。临近初凝时,每隔 5min(或更短时间)测定一次;临近终凝时,每隔 15min(或更短时间)测定一次。每次测定不能让试针落入原针孔,每次测试完毕后需将试针擦净并将试模放回湿气养护箱内,整个测试过程要防止试模受振。

3.4.6 数据处理与结果分析

(1)初凝和终凝时间判定。自加水起至试针沉入净浆中距底板(4±1)mm 时,所需的时间为初凝时间。一般来说,初凝时间应修约至 5min;自加水起至试针沉入净浆中不超过 0.5mm(环形附件开始不能在净浆表面留下痕迹)时,所需的时间为终凝时间。一般来说,终凝时间应修约至 15min;凝结时间以 min 为单位来表示。

(2)精密度和允许差。达到初凝状态时应重复测一次,当两次结果相同时才能确定达到初凝状态;达到终凝状态时,需要在试样另外两个不同点测试,确定结论相同时才能确定达到终凝状态。

3.4.7 试验记录表格

水泥凝结时间实验记录表见表 3-5。

表 3-5 水泥凝结时间实验记录表

凝结时间	开始加水时间/min	试针距底板(4±1)mm 时间/min	试针距底板 0.5mm 时间/min	初凝时间/min	终凝时间/min

检测:　　　　记录:　　　　计算:　　　　校核:

3.5 水泥安定性试验

3.5.1 试验目的

检验水泥在硬化过程中体积变化是否均匀,是否因体积变化不均匀而引起膨胀、裂缝或翘曲现象,以决定水泥是否可以使用。通过测定水泥的安定性,可以评估水泥的品质,确保其符合相关标准和要求。测定时要求采用标准稠度的水泥浆进行。

3.5.2 试验依据

《水泥标准稠度用水量、凝结时间、安定性检验方法》(GB/T 1346—2011)。

3.5.3 试验原理

雷氏夹法是通过测定水泥标准稠度净浆在雷氏夹中沸煮后试针的相对位移，表征其体积膨胀的程度，用以检验水泥中游离氧化钙过多是否造成了体积安定性不良。实验过程中通过观测由两个试针的相对位移来指示水泥标准稠度净浆体积膨胀的程度。通过安定性试验，检测一些有害成分（如游离氧化钙、氧化镁、三氧化硫）对水泥在水化凝固过程中是否造成过量的体积上的变化，来判断该有害成分是否对水泥水化形成的结构造成破坏。现行的水泥安定性试验可检测出游离氧化钙而引起的水泥体积变化，以判断水泥体积安定性是否合格。

3.5.4 主要仪器设备

（1）沸煮箱：内层由不易锈蚀的金属材料制成，其有效规格为 410mm×240mm×310mm。箱中试件架与加热器之间的距离大于 50mm。沸煮箱能在（30±5）min 内将箱内的试验用水由室温升至沸腾状态并保持 3h 以上，整个试验过程中不需要补充水量。

（2）玻璃板：两块，尺寸约 100mm×100mm。

（3）雷氏夹：由铜质材料制成，开口试模外侧带有两根指针。当一根指针在根部悬挂于一根金属丝或尼龙丝上，另一根指针的根部挂上 300g 的砝码时，两根指针的针间距离增加值应在 17.5mm±2.5mm 范围以内。当去掉砝码后针尖的距离能恢复到悬挂砝码前的状态，如图 3-2 所示。

（4）量水器、天平、湿气养护箱。

（5）雷氏夹膨胀值测定仪：用于测定雷氏夹指针尖端距离，标尺最小刻度为 1mm，如图 3-3 所示。

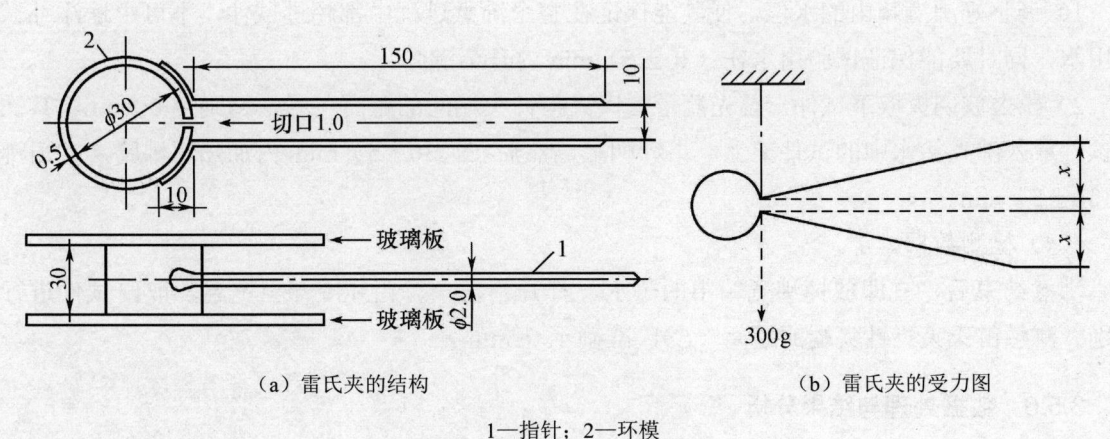

(a) 雷氏夹的结构　　(b) 雷氏夹的受力图

1—指针；2—环模

图 3-2 雷氏夹（单位：mm）

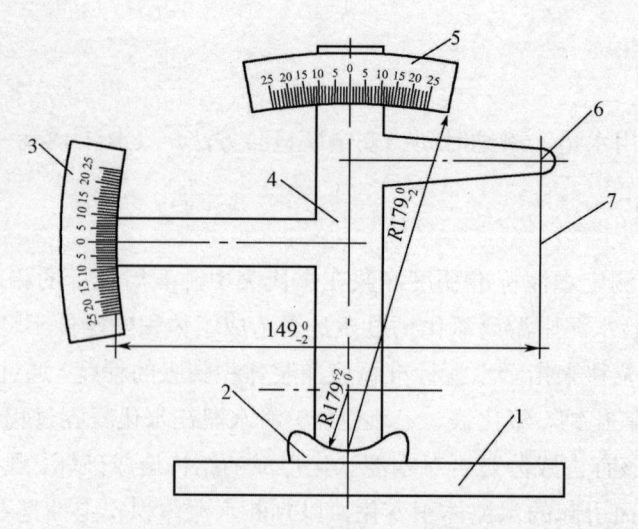

1—底座；2—模子座；3—测弹性标尺；4—立柱；5—测膨胀值标尺；6—悬臂；7—悬丝

图3-3 雷氏夹膨胀值测定仪

3.5.5 操作步骤

(1) 测定前的准备工作。

1) 按标准稠度用水量确定的方法和结果拌和水泥浆。

2) 每个试验需成型两个试件，每个雷氏夹需配备两块质量75～85g的玻璃板，凡与水泥净浆接触的玻璃板和雷氏夹内表面都要稍稍涂上一层油。

(2) 雷氏夹试件的成型。将预先准备好的雷氏夹放在已稍稍擦油的玻璃板上，并立即将已制备好的标准稠度的水泥浆一次装满雷氏夹。装浆时首先一只手轻轻扶持雷氏夹，另一只手用宽约10mm的小刀插捣数次，然后抹平，盖上一块涂油的玻璃板。其次立即将试件移至湿气养护箱内养护（24±2）h。

(3) 沸煮。

1) 调整好沸煮箱内的水位，使其能保证在整个沸煮过程中都超过试件，不可中途添补试验用水，同时要能保证试验用水在（30±5）min内升至沸腾。

2) 脱去玻璃板取下试件，首先测量雷氏夹指针尖端间的距离（A），精确至0.5mm。其次将试件放入沸煮箱水中的试件架上，指针朝上，然后在（30±5）min内加热至沸腾，并恒沸（180±5）min。

(4) 检测数据测定。

沸煮结束后，立即放掉沸煮箱中的热水。打开箱盖，待箱体冷却至室温，取出试件进行判别。测量雷氏夹指针尖端的距离（C），准确至0.5mm。

3.5.6 数据处理与结果分析

当两个试件煮后增加距离（$C-A$）的平均值不大于5mm时，即认为该水泥安定性合格。

当两个试件的 C-A 值相差超过 4mm 时，应用同一样品立即重做一次试验。再如此，则认为该水泥为安定性不合格。

3.5.7 试验记录表格

水泥安定性实验记录表见表 3-6。

表 3-6 水泥安定性实验记录表

试验次数	沸煮后试件指针尖端的距离 C/mm	沸煮前试件指针尖端的距离 A/mm	试件煮后增加距离 C-A/mm 单值	平均值
1				
2				

检测：　　　　　记录：　　　　　计算：　　　　　校核：

3.6 水泥胶砂强度试验（ISO 法）

3.6.1 试验目的

水泥胶砂强度试验用于确定水泥的强度等级，适用于硅酸盐水泥、普通硅酸盐水泥、矿渣硅酸盐水泥、粉煤灰硅酸盐水泥、复合硅酸盐水泥的抗折强度和抗压强度的检验。

3.6.2 试验依据

《水泥胶砂强度检验方法（ISO 法）》（GB/T 17671—2021）。

3.6.3 试验原理

土的含水率是指土试样在温度 105～110℃下烘干到恒重时所失去的水分质量与达到恒重后干土质量的比值，以百分数表示。含水率是土体的基本试验指标之一，它反映土的干、湿状态，只能通过试验测定。

含水率反映土的状态，它的变化将使土的一系列物理力学性质指标随之而变。这种影响表现在各个方面，如反映在土的稠度方面，使土成为坚硬的、可塑的或流动的；反映在土内水分的饱和程度方面，使土成为稍湿的、很湿的或饱和的；反映在土的力学性质方面，能使土的结构强度增加或减小，紧密或疏松，构成压缩性及稳定性的变化。除了烘干法，测定含水率的方法还有酒精燃烧法、炒干法、微波法等。

3.6.4 主要仪器设备

（1）水泥胶砂搅拌机：由胶砂搅拌锅和搅拌叶片以及电动设备组成，搅拌锅可以自由挪动，但也可以很方便地固定在锅座上。搅拌时叶片既按顺时针进行转动的同时，也沿锅边逆时针公转。

(2) 胶砂振实台：由装有两个对称偏心轮的电动机产生振动。

(3) 试模：可同时成型三根尺寸为 40mm×40mm×160mm 的棱柱体试件。

(4)（加砂）下料漏斗：由漏斗和模套组成。

(5) 压力试验机：包括抗折试验机和抗压试验机。

(6) 抗压试验夹具：受压面积 40mm×40mm。

(7) 刮平尺和播料器。

(8) 其他：试验筛、天平、量筒等。

(9) 国际标准化组织（International Organization for Standardization，ISO）标准砂。

3.6.5 操作步骤

(1) 胶砂组成。每锅胶砂材料组成为水泥:标准砂:水=450g:1350g:225mL。

(2) 胶砂制备。使搅拌机处于待工作状态，将水加入锅里，再加入水泥。把锅放在固定架上，上升至固定位置。开动搅拌机，先低速搅拌 30s 后，在第二个 30s 开始的同时均匀地将砂子加入，然后高速搅拌 30s。停止搅拌 90s，在停止搅拌开始的 15s 内，用一个胶皮刮具将叶片和锅壁上的胶砂刮入锅中。再在高速下继续搅拌 60s，共 240s，注意不要中途取锅。各个搅拌阶段，时间误差应在±1s 内。

(3) 胶砂试件成形。先把试模和模套固定在振实台上，用料勺将搅拌好的胶砂分两层装入试模。装第一层时，每个槽里约放 300g 胶砂，先用料勺沿试模长度方向划动胶砂以布满模槽，再用大播料器垂直架在模套顶部，沿每个模槽将料层播平，振实 60 次。再装入第二层胶砂，用料勺沿试模长度方向划动胶砂以布满模槽，但不能接触已振实的胶砂，再用小播料器播平，再振 60 次。移走模套，从振实台上取下试模，用金属直尺以近似 90°的角度架在试模顶的一端，然后沿试模长度方向以横向锯割，并慢慢向另一端移动，将超过试模部分的胶砂刮去，并用直尺将试件表面抹平。

(4) 试件的脱模及养护。将标记好的试模放入雾室或湿箱的水平架上养护，湿空气应能与试模各边接触。养护时不应将试模放在其他模上。直到养护规定的龄期时取出脱模。脱模前，用墨汁对试体编号。两个以上龄期的试体，在编号时应将同一试模中的三条试体分在两个以上的龄期内。非常小心地用塑料锤或皮榔头对试体脱模。对 24h 龄期的试体，在破型试验前 20min 内脱模。试体脱模后立即放入恒温[即（20±1）℃]水槽的水中养护。试体放置在不易腐烂的箅子上。试体之间应留有间隙，恒温水槽内的水面至少高出试体 5mm，需要时应及时补充水量，但不允许养护期间全部换水。

(5) 强度试验。

1) 龄期。除了 24h 龄期或延迟至 48h 脱模的试体，任何到龄期的试体应在试验（破型）前提前从水中取出。揩去试体表面沉积物，并用湿布覆盖至实验为止。试体龄期是从水泥中加水搅拌开始试验时算起。根据各龄期的抗折强度和抗压强度的试验结果评定水泥的强度等级。

各龄期的试体必须在下列时间内进行强度试验,见表 3-7。

表 3-7 龄期与对应的时间

龄期	时间
1d	24h±15min
2d	48h±30min
3d	72h±45min
7d	7d±2h
28d	28d±8h

2)抗折强度试验。每龄期取出三条试体先做抗折强度试验。试验前擦去试体表面的水分和砂粒,清除夹具上的杂物,试体放入抗折夹具内,应使侧面与圆柱接触。试件放入前应使杠杆为平衡状态。试体放入后调整夹具,使杠杆在试体折断时尽可能地接近平衡位置。接通开关,抗折试验机加荷速度为(50±5)N/s,直至试件折断,记录破坏时的荷载。

3)抗压强度试验。

①抗折强度试验后的六个断块用抗压夹具应立即进行抗压强度试验。试验前,清除试件受压面与加压板间的砂粒或杂物。试验时以试件的侧面作为受压面,半截棱柱体中心与压力试验机压板受压中心的距离差应在±0.5mm 内,棱柱体露在压板外的部分约有 10mm。

②压力机加荷速度应控制在(2400±200)N/s 的范围内,在接近破坏时更应严格控制,记录破坏荷载。

3.6.6 数据处理与结果分析

(1)抗折强度通过式(3-3)计算:

$$R_f = \frac{1.5F_f L}{b^3} \tag{3-3}$$

式中:R_f 为抗折强度,MPa,精确至 0.1MPa;F_f 为破坏荷载,N;L 为支撑圆柱间距,标准状况为 100mm;b 为棱柱体正方形截面的边长,标准状况为 40mm。

试验结果处理:根据上式计算出的抗折强度,以三块试体的平均值为实验结果。当三个强度中有一个超过平均值±10%时,应剔除,以余下的两块计算平均值,并作为抗折强度试验结果。当三个强度值中有两个超过平均值±10%时,则以剩余一个作为抗折强度结果。

(2)抗压强度通过式(3-4)计算:

$$R_c = \frac{F_c}{A} \tag{3-4}$$

式中:R_c 为抗压强度,MPa,精确至 0.1MPa;F_c 为破坏荷载,N;A 为受压面积,mm^2(40mm×40mm=1600mm^2)。

试验结果处理:以抗压强度六个测定值的算术平均值作为抗压强度试验结果。如果六个测定值中有一个超出六个平均值的±10%,应剔除这个结果,用剩下的五个值的算术平均值作为结果。如果五个测定值中再有超出它们平均数±10%的，则此组结果作废。当六个测定值中同时有两个或两个以上超出平均值的±10%时，则此组结果作废。

3.6.7 试验记录表格

水泥胶砂强度试验记录表（ISO法）见表3-7。

表3-8 水泥胶砂强度试验记录表（ISO法）

编号	抗折强度					抗压强度			
	破坏荷载/N	支撑圆柱间距/mm	正方形截面边长/mm	抗折强度/MPa		破坏荷载/N	受压面积/mm²	抗压强度/MPa	
				单值	平均值			单值	平均值
1									
2									
3									
4									
5									
6									
7									
8									

检测：　　　　　记录：　　　　　计算：　　　　　校核：

3.7 水泥胶砂流动度试验

3.7.1 试验目的

流动度的大小反映了水泥胶砂的流动性好坏，进而可以评估水泥胶砂在施工过程中的可塑性和工作性能。流动度高的水泥胶砂在施工中更容易流动、铺展，有利于混凝土的密实和均匀，从而提高混凝土的强度和耐久性。此外，通过测量水泥胶砂的流动度，还可以了解水泥与砂的比例、用水量等因素对流动性的影响，为混凝土配合比的设计和优化提供依据。

3.7.2 试验依据

《水泥胶砂流动度测定方法》（GB/T 2419—2005）。

3.7.3 试验原理

水泥胶砂流动度试验主要是基于水泥胶砂在特定条件下的流动性表现。试验时首先会将制备好的水泥胶砂装入截锥圆模中，然后通过施加一定频率和次数的振动（如使用跳桌法），使水泥胶砂在振动作用下扩展流动。在振动结束后，测量水泥胶砂在流动桌上扩展的平均直径，该直径即为水泥胶砂的流动度。

3.7.4 主要仪器设备

（1）水泥胶砂流动度测定仪（简称电动跳桌）：由铁铸机架和跳动部分组成，跳动部分主要由圆盘桌面和推杆构成。对机架孔周围进行环状精磨加工。机架孔的轴线与圆盘上表面垂直，当圆盘下落和机架接触时，接触面应保持光滑，并与圆盘上表面成平行状态，同时在360°范围内完全接触，如图3-4所示。

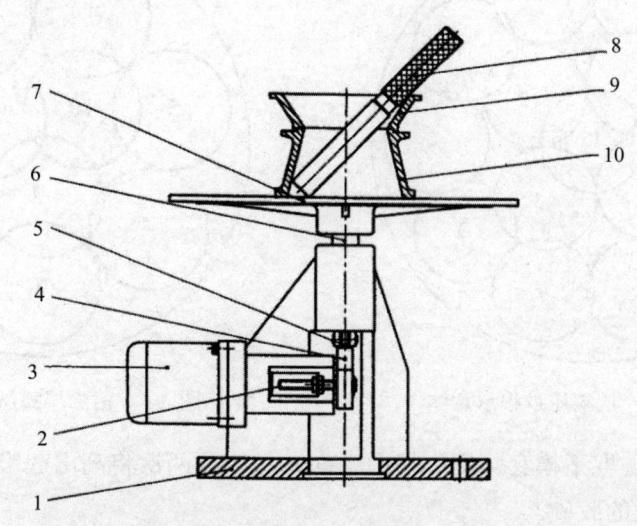

1—电机；2—接近开关；3—凸轮；4—滑轮；5—机架；6—推杆；
7—圆盘桌面；8—捣棒；9—模套；10—截锥圆模

图3-4 水泥胶砂流动度测定仪

（2）水泥胶砂搅拌机：技术参数同上一试验。

（3）试模：用金属材料制成，由截锥圆模和套模组成。内表面应光滑，高度为（60±0.5）mm；上口内径为（70±0.5）mm；下口内径为（100±0.5）mm；下口外径为120mm；壁厚大于5mm。

（4）捣棒：用金属材料制成，直径为（20±0.5）mm，长度约200mm。捣棒底面与侧面成直角，下部光滑，上部手柄带滚花。

（5）卡尺：量程不小于300mm，分度值不大于0.5mm。

（6）小刀：刀口平直，长度大于80mm。

（7）天平：量程不小于1000g，分度值不大于1g。

3.7.5 操作步骤

（1）如果电动跳桌在24h内未被使用，先空跳一个周期（25次），以检验各部位是否正常。

（2）试样制备按水泥胶砂强度实验的有关规定进行。在拌和胶砂的同时，用潮湿棉布擦拭测定仪跳桌台面、截锥圆模、模套的内壁和圆柱捣棒,并把它们置于跳桌台面中心,盖上湿布。

(3)将拌好的水泥胶砂迅速地分两层装入试模内。第一层装至截锥圆模高的 2/3,用小刀在垂直两个方向各划 5 次,再用捣棒自边缘至中心均匀压实 15 次,如图 3-5 所示。接着装第二层胶砂,装至高出截锥圆模约 20mm,同样用小刀划 10 次,再用捣棒自边缘至中心均匀压实 10 次,如图 3-6 所示。

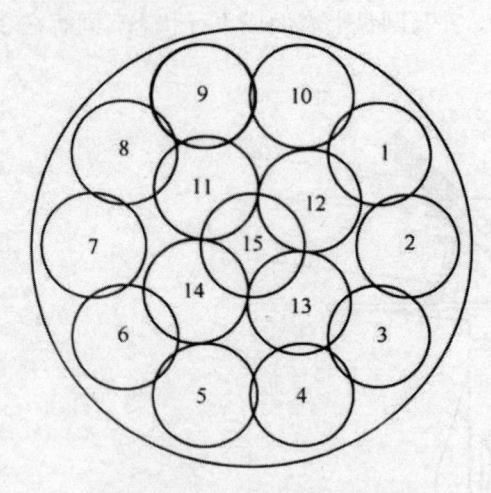

图 3-5　第一层捣压过程示意图 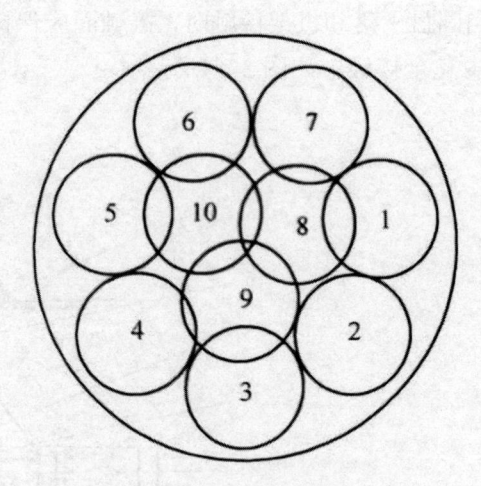　　　　图 3-6　第二层捣压过程示意图

(4)捣实完毕,取下模套,用小刀由中间向边缘分两次将高出截锥圆模的胶砂刮去并抹平,擦去落在桌面上的胶砂。

(5)将截锥圆模垂直向上轻轻提起,立刻开动跳桌,即以每秒一次的频率,在(25±1)s 内完成 25 次跳动。

3.7.6　数据处理与结果分析

跳动完毕,采用卡尺测量胶砂底面相互垂直两个方向的直径,计算平均值,取整数,以 mm 为单位表示,其平均值即为该水泥胶砂的流动度。水泥胶砂流动度试验,从胶砂拌和开始到测量扩展直径结束,应在 6min 内完成。

3.7.7　试验记录表格

水泥胶砂流动度试验记录表见表 3-9。

表 3-9　水泥胶砂流动度试验记录表

试验次数	扩展直径/mm	垂直直径/mm	水泥胶砂流动度/mm	
			个别	平均
1				
2				

检测:　　　　记录:　　　　计算:　　　　校核:

第4章　水泥混凝土试验检测实训

4.1　概　　述

4.1.1　混凝土定义与分类

混凝土是指由胶凝材料将集料胶结成整体的工程复合材料的统称。通常讲的混凝土一词是指水泥作为胶凝材料，砂、石作为集料，与水按一定比例配合，经搅拌而得到的水泥混凝土，也称为普通混凝土，它广泛应用于各类工程建设中。

普通混凝土的性能取决于所使用的原材料的种类和比例。普通混凝土的原材料主要包括水泥、粗集料、细集料和水。随着混凝土技术的发展，外加剂和掺合料的应用日益普遍。确定各类原材料的比例关系的过程称为配合比设计。普通混凝土的配合比应根据原材料性能及对混凝土的技术要求进行计算，并经实验室试配、调整后确定。

普通混凝土可以按照不同的标准进行分类，以下是一些主要的分类方式。

（1）按抗压强度分类。按强度等级不同，可分为低强混凝土（抗压强度小于30MPa）、中强度混凝土（抗压强度介于30～60MPa之间）和高强度混凝土（抗压强度大于60MPa）。

（2）按表观密度分类。按表观密度不同，可分为特重混凝土（表观密度大于2500kg/m^3）、普通混凝土（表观密度介于1900～2500kg/m^{3}之间）和轻骨料混凝土（表观密度介于600～1900kg/m^{3}之间）。

（3）按用途分类。按工程建设用途不同，可分为结构用混凝土、道路混凝土、水工混凝土、海洋混凝土、防水混凝土、装饰混凝土、特种混凝土、耐热混凝土、耐酸混凝土和防辐射混凝土等。

（4）按掺合料分类。按掺合料不同，可分为粉煤灰混凝土、硅灰混凝土、矿渣混凝土和纤维混凝土等。

（5）按施工工艺分类。按施工工艺的不同，可分为泵送混凝土、喷射混凝土、压力灌浆混凝土、挤压混凝土、离心混凝土、真空吸水混凝土和碾压混凝土等。

4.1.2　取样方法及试验要求

混凝土取样检验及验收的主要依据有《混凝土物理力学性能试验方法标准》（GB/T 50081-2019）和《混凝土结构工程施工质量验收规范》（GB 50204-2015）。

（1）组批原则或取样频率。

1）每拌制 100 盘且不超过 100m³ 的同配合比的混凝土，取样不得少于一次。

2）每工作班拌制的同一配合比的混凝土不足 100 盘时，取样不得少于一次。

3）当一次连续浇筑超过 1000m³ 时，同一配合比的混凝土每 200m³ 取样不得少于一次。

4）每一楼层，同一配合比的混凝土，取样不得少于一次。

5）每次取样应至少留置一组标准试件。

（2）取样方法。

1）混凝土拌和物试验用料应根据不同要求，从同一盘搅拌或同一车运送的混凝土中取出。

2）混凝土工程施工中取样进行混凝土试验时，应在混凝土浇筑地点随机抽取，每组试件应在同一盘混凝土取样制作。

3）拌和物取样后应尽快进行试验。试验前，试样应经人工略加翻拌，以保证其质量均匀。

（3）试件制作。

用人工插捣制作试件应按下述方法进行操作。

1）混凝土拌和物应分两层装入模内，每层的装料厚度大致相等。

2）插捣应按螺旋方向从边缘向中心均匀进行。在插捣底层混凝土时，捣棒应达到试模底部；插捣上层时，捣棒应贯穿上层后插入下层 20～30mm；插捣时捣棒应保持垂直，不得倾斜。然后应用抹灰刀沿试模内壁插拔数次。每层插捣次数按在 10000mm² 截面面积内不得少于 12 次，尺寸为 150mm×150mm×150mm 的试模不少于 27 次为标准。

3）插捣后应用橡皮锤轻轻敲击试模四周，直至插捣棒留下的空洞消失为止。

（4）养护条件。

1）用于混凝土强度评定的试件应采用标准养护。试件应放入温度为（20±2）℃，相对湿度为 95%以上的标准养护室中养护。标准养护室内的试件应放在支架上，相互间隔 10～20mm，试件表面应保持潮湿，并不得被水直接冲淋。

2）用于拆模或评定结构实体混凝土强度的试件应采用相同条件养护。

4.1.3 混凝土主要技术指标

（1）和易性。混凝土拌和物的和易性是指混凝土拌和物在一定的施工条件下，便于各种施工工序的操作，以保证获得均匀密实的混凝土的性能。和易性是一项综合技术指标，包括流动性（稠度）、黏聚性和保水性三个方面。

1）流动性是指混凝土拌和物在自重或施工机械振捣作用下，产生流动并均匀密实地填满模具的性能。流动性的大小将影响施工浇灌、振捣的难易和混凝土的质量。

2）黏聚性是指混凝土拌和物各组成材料间有一定的黏聚力，在施工过程中不致产生分层和离析，仍能保持整体均匀的性质。

3）保水性是指混凝土拌和物保持水分的能力。保水性差的混凝土拌和物在振实后，会有水分泌出，并在混凝土内形成贯通的孔隙。这不但影响混凝土的密实性，降低强度，而且还会影响混凝土的抗渗、抗冻等耐久性能。

根据新拌混凝土坍落度值的大小，可将混凝土划分为 4 个级别：低塑性混凝土（坍落度 10～40mm）、塑性混凝土（坍落度 50～90mm）、流动性混凝土（坍落度 100～150mm）和大流动性混凝土（坍落度≥160mm）。

根据《混凝土结构工程施工质量验收规范》（GB 50204—2015）规定，混凝土坍落度的选用参考表 4-1 的要求。

表 4-1　混凝土坍落度适用范围

项目	结构种类	坍落度/mm
1	基础或地面等的垫层，无筋的厚大结构或配筋稀疏的结构构件	10～30
2	板、梁和大型及中型截面的柱子等	30～50
3	配筋较密的结构（薄壁、斗仓、筒仓、细柱等）	50～70
4	配筋特密的结构	70～90

（2）强度。强度是混凝土硬化后的主要力学性能，反映混凝土抵抗荷载的能力。混凝土的强度主要包括抗压、劈裂抗拉和抗折强度等。研究表明，抗压强度与其他强度之间有一定的关系，因此可由抗压强度的大小来估计其他强度。抗压强度是混凝土最重要的性能指标，它常作为结构设计的主要参数，也是评定混凝土质量的指标。

《混凝土物理力学性能试验方法标准》（GB/T 50081-2019）规定，制作尺寸为 150mm×150mm×150mm 的标准立方体试件，在标准养护条件［温度为（20±2）℃，相对湿度为 95%以上］下或在温度为（20±2）℃的不流动 $Ca(OH)_2$ 饱和溶液中养护到 28d，所测得的抗压强度值为混凝土立方体的抗压强度。当采用非标准尺寸（边长为 100mm、200mm）试件时，应换算成标准试件的强度。换算方法是将所测得的强度乘以相应的换算系数，见表 4-2。

表 4-2　强度换算系数

集料最大粒径/mm	试件尺寸/（mm×mm×mm）	换算系数
≤31.5	100×100×100	0.95
≤37.5	150×150×150	1
≤63	200×200×200	1.05

4.2　普通混凝土配合比设计

4.2.1　试验目的

根据原材料的物理参数和技术性能，在特定的施工条件下，确定出能满足工程所要求的技术经济指标的各项组成材料的用量。该试验通过精确的测量和计算，确定混凝土中各组成材料，如水泥、砂、石和水等之间的最佳比例关系，以保证混凝土达到预定的强度等级要求。通过试验可以验证混凝土的和易性，即其流动性、黏聚性和保水性等，确保混凝土在施工过程中易于搅拌、运输、浇筑和振捣，提高施工效率和质量。此外，试验还考虑到经济因素，力求在满足性能要求的前提下，尽可能地降低混凝土的成本，实现资源的合理利用。

4.2.2 试验依据

《普通混凝土配合比设计规程》（JGJ 55—2011）。

4.2.3 配合比设计的基本要求

普通混凝土配合比设计试验的试验目的是多方面的，旨在确保混凝土的性能能够满足工程设计和施工的实际需求。其基本要求如下。

（1）满足混凝土结构设计要求的强度等级。
（2）满足混凝土施工所要求的和易性。
（3）满足工程所处环境和使用条件对混凝土耐久性的要求。
（4）符合经济原则，节约水泥，降低成本。

4.2.4 配合比设计的基本参数

普通混凝土配合比设计实质上是确定单位体积混凝土拌和物中水、水泥、粗集料（石）和细集料（砂）这4项组成材料之间的三个参数：水和水泥之间的比例（水灰比）、砂和石之间的比例（砂率）、集料和水泥浆之间的比例（单位用水量）。在配合比设计中能合理确定这三个基本参数，就能使混凝土满足配合比设计的4项基本要求。

确定配合比设计的三个基本参数的原则：在混凝土的强度和耐久性的基础上，确定水灰比；在满足混凝土施工和易性要求的基础上确定混凝土的单位用水量；砂的用量应以填充石子孔隙后略有富余为原则。

具体确定水灰比时，从强度角度看，水灰比应小些；从耐久性角度看，水灰比小些，水泥用量多些，混凝土的密度就高，耐久性则优良。这可通过控制最大水灰比和最小水泥用量来满足。由强度和耐久性分别决定的水灰比往往是不同的，此时应取较小值。但在强度和耐久性都已确定的前提下，水灰比应取较大值，以获得较高的流动性。确定砂率主要从满足工作性和节约水泥用量两个方面考虑。在水灰比和水泥用量（即水泥浆用量）不变的前提下，砂率尽可能取较小值以达到节约水泥的目的。单位用水量是在水灰比和水泥用量不变的情况下，实际反映水泥浆用量与集料间的比例关系。水泥浆用量要满足包裹粗、细集料表面并保持足够流动性的要求，但用水量过大，会降低混凝土的耐久性。水灰比在0.4~0.8范围内，根据粗集料的品种、粒径确定单位用水量。

4.2.5 操作步骤

混凝土的配合比设计是一个计算、试配、调整的复杂过程，在原材料性能检测合格的基础之上，大致可以分为初步配合比、基准配合比、实验室配合比和施工配合比4个设计阶段。

首先按照已选择的原材料及对混凝土的技术要求进行初步配合比计算,得出初步配合比;其次,在初步配合比的基础上,通过试配、性能检测进行工作性的调整、修正得到基准配合比;再次,实验配合比是通过对水灰比的微量调整,在满足设计强度的前提下,进一步调整配合比以确定水泥用量最小的方案;最后,施工配合比考虑砂、石的实际含水率对配合比的影响,对配合比进行最后的修正,是实际应用的配合比。实质上,混凝土配合比设计的过程是逐一满足混凝土的强度、工作性、耐久性、优化材料用量等要求的过程。

（1）初步配合比。

1）根据混凝土的设计强度等级计算混凝土的配制强度。

2）根据水泥 28d 的胶砂抗压强度实测值、粗骨料品种、水泥强度等级富余系数和环境条件等参数确定初步水灰比。

3）根据施工要求的混凝土拌和物的坍落度、所用集料的种类及最大粒径等参数得到每立方米混凝土用水量。

4）选取合理的砂率。砂率可由试验或者历史经验资料选取。如无历史经验资料,可根据坍落度和初集料品种确定砂率。

5）采用体积法或质量法计算砂石的用量。

（2）基准配合比。

1）按初步配合比称取材料,配制混凝土拌和物,测量坍落度,并检查其黏聚性、保水性。

2）如若混凝土拌和物坍落度不能满足要求,或黏聚性和保水性较差时,应在保证水灰比不变的条件下相应调整用水量或砂率。调整后再试拌,直到符合要求为止。

3）测定混凝土拌和物的表观密度,计算基准配合比。

（3）实验室配合比。

1）以基准配合比的水灰比为标准,水灰比分别增、减 0.05,用水量与基准配合比相同,得到三个配合比,分别拌制、成型、养护,测试龄期为 28d 在标准养护条件的抗压强度。

2）按照测定龄期为 28d 在标准养护条件的抗压强度与其水灰比的关系,用作图法或者计算法求出与混凝土配制强度相对应的灰水比,由此计算出每立方米混凝土中各种材料的用量。

3）当混凝土表观密度实测值与计算值之差的绝对值不超过计算值的 2%时,按以前的配合比即为确定的实验室配合比;当两者之差超过 2%时,应将配合比中每项材料用量均乘以校正系数,即为最终确定的实验室配合比。

（4）施工配合比。设计配合比时是以干燥材料为基准的,而工地存放的砂石都含有一定的水分,且随着气候的变化而经常变化。所以,现场材料的实际称量应按施工现场砂、石的含水情况进行修正,修正后的配合比即为施工配合比。

4.2.6　试验记录表格

混凝土拌和物和易性调整试验记录表见表 4-3,混凝土抗压强度试验记录表见表 4-4,混凝土配合比试验记录表见表 4-5。

表4-3 混凝土拌和物和易性调整试验记录表

	试拌混凝土的材料用量/kg				坍落度/mm		
	水泥	砂	石	水	第一次	第二次	平均值
初步配合比							
第一次调整							
第二次调整							
调整后的材料用量							

检测： 记录： 计算： 校核：

表4-4 混凝土抗压强度试验记录表

组别	水灰比	受压面积/mm^2	破坏荷载/kN	抗压强度/MPa	抗压强度平均值/MPa	标准立方体试件抗压强度值/MPa	实测表观密度/（kg/m^3）

检测： 记录： 计算： 校核：

表4-5 混凝土配合比试验记录表

混凝土设计等级		要求稠度	
水泥品种等级			
砂规格			
石规格			

配合比			
材料名称	水泥	砂	石	水
用量/（kg/m^3）				
每盘用料/kg				
搅拌方法		振捣方法	
砂率		实测稠度	

检测： 记录： 计算： 校核：

4.3　水泥混凝土拌和物和易性试验

4.3.1　试验目的

新拌混凝土的和易性是混凝土的一项重要指标，常用坍落度试验进行测定。混凝土坍落度主要是指混凝土的塑化性能和可泵性能。影响混凝土坍落度的因素主要有级配变化、含水量、衡器的称量偏差、外加剂的用量，容易被忽视的还有水泥的温度等。良好的坍落度能保证施工的正常进行。坍落度的大小直接反映了混凝土的流动性，进而影响其施工性能和工程质量。因此，坍落度试验是混凝土质量控制和工程施工中不可或缺的重要试验之一。

该试验适用于坍落度不小于 10mm，集料公称最大粒径不大于 31.5mm 的混凝土拌和物。

4.3.2　试验依据

《普通混凝土拌合物性能试验方法标准》（GB/T 50080-2016）。

4.3.3　试验原理

水泥混凝土拌和物和易性试验的试验原理主要是通过模拟混凝土在自重作用下的变形情况，来评估其流动性和可泵性。在试验中，使用标准的坍落度筒，将混凝土拌和物分三次装入筒内，每次填装后用捣锤沿桶壁均匀由外向内击 25 下，以确保混凝土在筒内均匀分布且密实。之后，垂直向上提起坍落度筒，混凝土因自重产生坍落现象。测量坍落后混凝土最高点的高度与筒高的差值，即坍落度，可以量化评估混凝土的流动性。

4.3.4　主要仪器设备

（1）坍落度筒：坍落度筒为铁板制成的截头圆锥筒，上口直径为 100mm，下口直径为 200mm，高为 300mm，厚度不小于 1.5mm，内侧平滑，没有铆钉头之类的突出物。在筒上方约 2/3 高度处有两个把手，近下端两侧焊有两个踏脚板，保证坍落度筒可以稳定操作，构造如图 4-1 所示。

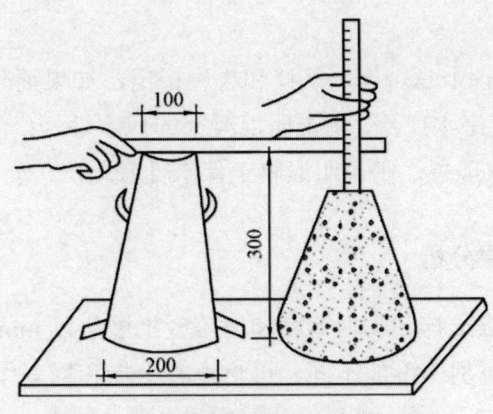

图 4-1　坍落度筒的构造（单位：mm）

（2）捣棒：直径为16mm，长约650mm，并具有半球形端头的钢质圆棒。

（3）其他：小铲、木尺、小钢尺、抹刀和钢平板等。

4.3.5 操作步骤

（1）先用湿布抹湿坍落筒、铁锹和拌和板等用具。

（2）拌和。如果采用搅拌机拌和，首先用与实际混凝土相同的砂浆涮膛，以避免正式拌和混凝土时水泥砂浆黏附在搅拌机上。将称好的粗集料、细集料和水泥分别加入到搅拌机中，待搅拌均匀后，徐徐加入所需的水。继续搅拌2min，将拌和物倒在铁板上，经人工再翻拌1~2min。如果采用人工拌和，先称取水泥和砂在拌和板上搅拌均匀，再称出石子一起拌和。将料堆的中心拨开，倒入所需水的一半，仔细拌和均匀后，再倒入剩余的水，继续拌和均匀。拌和时间一般为4~5min。无论是机械还是人工拌和，所需时间不宜超过5min。

（3）将漏斗放在坍落筒上，脚踩踏板。拌和物分三层装入筒内，每层装填的高度稍大于筒高的1/3。每层用捣棒插捣25次，插捣应沿螺旋方向由外向中心进行，每次插捣的位置应在截面上均匀分布。插捣筒边混凝土时，捣棒可以稍稍倾斜。插捣底层时，捣棒应贯穿整个深度，插捣第二层和顶层时，捣棒应插透本层至下一层的表面。浇灌顶层时，混凝土应灌到高出筒口。插捣过程中，如混凝土沉落到低于筒口，则应随时添加。顶层插捣完后，刮去多余的混凝土，并用抹刀抹平。

（4）清除筒边底板上的混凝土后，垂直平稳地提起坍落度筒。坍落度筒的提离过程应在5~10s内完成。从开始装料到提坍落度筒的整个过程应不间断地进行，并应在150s内完成。

（5）提起坍落度筒后，测量筒高与坍落后混凝土试体最高点之间的高度差，即为该混凝土拌和物的坍落度值（以mm为单位，读数精确至5mm）。坍落度筒提离后，如果混凝土发生崩坍或一边剪坏现象，则应重新取样另行测定；如果第二次试验仍出现上述现象，则表示该混凝土和易性不好，应予记录备查。

（6）对坍落的拌和物进一步观察，用捣棒轻轻敲击拌和物。如果在敲击过程中坍落的拌和物渐渐下沉，表示黏聚性较好；如果敲击时混凝土体突然折断，或崩解、石子散落，则说明混凝土黏聚性差。

（7）观察整个试验过程中是否有水从拌和物中析出，如果混凝土体的底部很少有水分析出，混凝土拌和物表面也无泌水现象，则说明混凝土的保水性好；否则如果底部明显有水分流出，或混凝土表面出现泌水现象，则说明混凝土保水性较差。

4.3.6 数据处理与结果分析

（1）坍落度结果。混凝土拌和物坍落度和坍落度扩展值以mm计，测量精确至1mm，结果修正至最接近5mm。根据坍落度的不同，可将混凝土拌和物工作性按表4-6进行划分。

表 4-6 混凝土拌和物工作性划分表

坍落度值	混凝土拌和物工作性
10~40mm	低塑性混凝土
40~90mm	塑性混凝土
90~150mm	流动性混凝土
≥150mm	大流动性混凝土

（2）观察试样的黏聚性和保水性。

1）黏聚性。用捣棒在已坍落的锥体试样的一侧轻击，如果锥体在轻击后渐渐下沉，表示黏聚性好；如果锥体突然倒坍，部分崩解或有石子离析现象，表示黏聚性差。

2）保水性。根据水分从试样中析出的情况，分为三级。"多量"表示提起坍落筒后有较多的水分从底部析出；"少量"表示有少量水分析出；"无"表示没有水分从底部析出。

4.3.7 试验记录表格

水泥混凝土拌和物坍落度试验记录表见表 4-7。

表 4-7 水泥混凝土拌和物坍落度试验记录表

编号项目		1	2	3	4
检测部位					
坍落度实测值/mm					
拌和物工作性质	和易性				
	黏聚性				
	保水性				

检测：　　　　记录：　　　　计算：　　　　校核：

4.4 水泥混凝土拌和物表观密度试验

4.4.1 试验目的

通过表观密度试验，可以测定每立方米混凝土中各项材料的实际用量，从而避免在工程应用中出现亏方或盈方，也为混凝土配合比设计提供依据。《普通混凝土配合比设计规程》（JGJ 55—2011）中明确规定：当表观密度实测值和计算值之差超过 2%时，应对配合比中各项材料的用量进行修正。

通过测量混凝土拌和物的表观密度，可以间接反映混凝土内部空隙的多少和密实程度，从而评估混凝土的结构强度、抗渗性、耐久性等性能。此外，表观密度也是判断混凝土等级的重要参数之一，不同的建筑结构对混凝土的密度有不同的要求，因此混凝土表观密度也有相应的指标要求。

4.4.2 试验依据

《普通混凝土拌合物性能试验方法标准》（GB/T 50080-2016）。

4.4.3 试验原理

水泥混凝土拌和物表观密度试验基于测量混凝土拌和物在一定压实方法下的单位体积质量。这一试验通过称量经过捣实后的混凝土拌和物的质量，并同时测量其体积，然后将质量除以体积得到表观密度。

4.4.4 主要仪器设备

（1）容量筒：金属制成的圆筒，两旁装有提手。骨料最大粒径不大于 40mm 的拌和物采用容积为 5L 的容量筒，其内径与内高均为（186±2）mm，筒壁厚为 3mm；骨料最大粒径大于 40mm 时，容量筒的内径与内高均应大于骨料最大粒径的 4 倍。容量筒上缘及内壁应光滑平整，顶面与底面应平行并与圆柱体的轴线垂直。

（2）台秤：称量为 50kg，感量为 50g。

（3）振动台：频率为（50±3）Hz，空载时的振幅应为（0.5±0.1）mm；

（4）捣棒：直径为 16mm、长为 600mm 的钢棒，一端为弹头形。

（5）其他：小铁铲、抹刀、刮尺等。

4.4.5 操作步骤

（1）用湿布把容量筒内外擦干净，称出质量 W_1（精确至 50g）。

（2）混凝土的装料及捣实方法应视拌和物的稠度而定。一般来说，为使所测混凝土的密实状态更接近实际施工，对于坍落度不大于 70mm 的混凝土，宜用振动台振实；对于坍落度大于 70mm 的混凝土，宜用捣棒捣实。

1）采用振动台振实。应一次将混凝土拌合物灌至高出容量筒口。装料时可用捣棒稍加插捣，振捣过程中如果混凝土高度沉落低于筒口，则应随时添加混凝土。振捣直至表面出浆为止。

2）采用捣棒捣实。应根据容量筒的大小决定分层与插捣次数。一般情况下，用 5L 容量筒时，拌和物分两层装，每层插捣 25 次；用大于 5L 容量筒时，每层拌和物的高度不应大于 100mm，每层插捣次数应按每 10000mm² 截面不小于 12 次计算。

（3）用刮尺沿筒口将多余的混凝土拌和物刮去，表面如果有凹陷应填平。将容量筒外壁擦净，称出混凝土与容量筒总重 W_2（精确至 50g）。

4.4.6 数据处理与结果分析

混凝土拌和物表观密度按式（4-1）计算。

$$\gamma_h = \frac{W_1 - W_2}{V} \times 1000 \tag{4-1}$$

式中：γ_h 为混凝土拌和物表观密度，kg/m³，精确至 10kg/m³；W_1 为容量筒质量，kg；W_2 为容量筒及试样的总质量，kg；V 为容量筒容积，L。

4.4.7 试验记录表格

混凝土拌和物表观密度试验记录表见表 4-8。

表 4-8 混凝土拌和物表观密度试验记录表

试验次数	容量筒质量/kg	容量筒及试样的总质量/kg	混凝土拌合物质量/kg	容量筒容积/L	表观密度/(kg/m³)	表现密度平均值/(kg/m³)
1						
2						

检测：　　　　记录：　　　　计算：　　　　校核：

4.5 水泥混凝土试块的制备与养护试验

4.5.1 试验目的

通过模拟实际施工条件，制备出符合要求的混凝土试块，并对其进行标准养护，以测定混凝土的力学性质，进而评估混凝土的质量和强度。

标准的混凝土制备方法和养护方式，是进行混凝土最重要的技术性质——力学强度测定的基本要求。通过试验掌握正确的混凝土试块制备方法和养护条件。

4.5.2 试验依据

《普通混凝土拌合物性能试验方法标准》（GB/T 50080-2016）。

4.5.3 试验原理

试块的制备是水泥混凝土进行物理和力学性能试验的基础。通过按照预定的配合比将水泥、细集料、粗集料和水等原材料混合均匀，并在标准模具中成型，可以制备出符合试验要求的混凝土试块。制备过程中，需要严格控制各种原材料的比例和混合方式，以确保试块的均匀性和一致性。

试块的养护是试验的关键环节。混凝土在硬化过程中需要适当的温度和湿度条件，以加速水泥的水化反应和混凝土的硬化。通过采用恒温恒湿的养护环境，可以控制试块的养护条件，使其符合标准要求。养护过程中，需要定期监测和记录养护室的温度和湿度，以确保试块在养护期间保持稳定的硬化条件。

4.5.4 主要仪器设备

（1）振动（台）机：振动频率为（3000±200）次/min，负荷时的振幅为0.35mm。
（2）试模：由铸铁或钢制成，相应的几何尺寸见表4-9。

表4-9 水凝混凝土试模尺寸及换算系数表

试验内容	试模内部尺寸/（mm×mm×mm）		集料公称最大粒径/mm	尺寸换算系数
抗压强度	标准试件	150×150×150	31.5	1.00
	非标准试件	200×200×200	53	1.05
		100×100×100	26.5	0.95
抗折强度	标准试件	150×150×550	31.5	1.00
	非标准试件	100×100×400	26.5	0.85
劈裂抗拉强度	标准试件	150×150×150	31.5	1.00
	非标准试件	100×100×400	26.5	0.85

（3）其他：镘刀、捣棒、金属直尺、湿布等。

4.5.5 操作步骤

（1）试件的成型。

1）装配好试模，避免试模组装变形或使用变形，并在试模内部涂抹薄薄一层脱模剂。

2）将拌和好15min后的拌和物填入试模中。如果采用振动的方式密实，可将已装填拌和物的试模固定在振动台上，接通电源振动至表面出现水泥浆为止，时间一般控制在1.5min。如果采用插捣方式密实，则将拌和物分两层装填在试模内，用捣棒以螺旋形从边缘向中心均匀插捣，插捣次数随试件尺寸的不同而不同，实际次数见表4-10。底层捣至试模底部，上两层捣至下层20～30mm的位置。注意插捣时应垂直压入，而不是冲击的方式。整个成型过程要求在45min内完毕。

表4-10 不同混凝土试件成型时插捣次数

试件尺寸/（mm×mm×mm）	每层插捣次数	试件尺寸/（mm×mm×mm）	每层插捣次数
（抗压）150×150×150	25	（抗折）150×150×150	100
（抗压）200×200×200	50	（抗折）100×100×400	50
（抗压）100×100×100	12	（抗折）150×150×300	75

3）插捣结束，用镘刀刮去多余的部分，再收面抹平，试件表面与试模表面边缘高低差不应超过0.5mm。

（2）养护方法。

1）成型好的试模上覆盖湿布，防止水分蒸发。在室温（20±5）℃、相对湿度大于50%的条件下静置1～2d。时间到达后拆模，进行外观检查、编号，并对局部缺陷进行加工修补。

2）将试件移至标准养护室的架子上，彼此间有30～50mm的间距。养护条件为温度（20±2）℃、相对湿度95%以上，直至规定龄期。

4.6 水泥混凝土立方体抗压强度试验

4.6.1 试验目的

通过水泥混凝土立方体抗压强度试验，可以评估混凝土的质量和强度，为混凝土结构的设计、施工和质量控制提供重要依据。同时，试验结果还可以用于研究混凝土材料的性能，优化混凝土配合比，提高混凝土结构的耐久性和安全性。

本试验方法规定了测定水泥混凝土抗压极限强度的方法和步骤。本试验方法可用于确定水泥混凝土的强度等级，并作为评定水泥混凝土品质的主要指标。本试验方法适于各类水泥混凝土立方体试件的极限抗压强度试验。

4.6.2 试验依据

《混凝土物理力学性能试验方法标准》（GB/T 50081-2019）。

4.6.3 试验原理

该试验通过对立方体试件施加逐渐增大的荷载，直至试件发生破坏，从而测定混凝土的抗压强度。试验时，混凝土立方体试件（通常为150mm×150mm×150mm的标准尺寸）在特定条件下进行养护，以确保试件在测试时具有代表性。试验过程中，通过试验机对立方体试件施加均匀分布的压力，记录试件在受力过程中的变形和破坏情况。根据牛顿第二定律，荷载除以试件的截面积就是试件所受的应力。当试件发生破坏时，应力达到最大值，这个应力的最大值即为混凝土的抗压强度。

4.6.4 主要仪器设备

（1）压力机或万能试验机。

（2）球座。

（3）混凝土强度等级大于等于C60时，试验机上、下压板之间应各垫一块钢垫板，平面尺寸应不小于试件的承压面，其厚度至少为25mm。钢垫板应机械加工，其平面度允许的偏差值为±0.04mm；表面硬度大于等于55HRC；硬化层厚度约5mm。试件周围应设置防崩裂网罩。

4.6.5 操作步骤

（1）养护到试验龄期时，从养护室中取出试件，应尽快试验，避免其湿度发生变化。

（2）取出试件，检查其尺寸及形状，相对的两面应平行。量出棱边长度，精确至1mm。

试件受力截面积按其与压力机上下接触面的平均值计算。在破型前，保持试件原有湿度，在试验时擦干试件。

（3）以成型时侧面为上下受压面，试件中心应与压力机几何对中。

（4）施加荷载时，对于强度等级小于 C30 的混凝土取 0.3～0.5Mpa/s 的加荷速度；强度等级大于等于 C30 小于 C60 时，则取 0.5～0.8Mpa/s 的加荷速度；强度等级大于等于 C60 的混凝土取 0.8～1Mpa/s 的加荷速度。当试件接近破坏而开始迅速变形时，应停止调整试验机油门，直至试件破坏，记下破坏时的极限荷载 F。

4.6.6 数据处理与结果分析

（1）混凝土立方体试件抗压强度按式（4-2）计算。

$$f_{cu} = k \times \frac{F}{A} \tag{4-2}$$

式中：f_{cu} 为混凝土立方体抗压强度，MPa；F 为极限荷载，N；A 为受压面积，mm^2；k 为尺寸换算系数。

（2）以三个试件测值的算术平均值为测定值，计算精确至 0.1MPa。三个测值中的最大值或最小值中，如果有一个与中间值之差超过中间值的 15%，则取中间值为测定值；如果最大值和最小值与中间值之差均超过中间值的 15%，则该组试验结果无效。

（3）混凝土强度等级小于 C60 时，非标准试件的抗压强度应乘以尺寸换算系数（表 4-11），并应在报告中注明。混凝土强度等级大于等于 C60 时，宜用标准试件，使用非标准试件时，换算系数由试验确定。

表 4-11 立方体抗压强度尺寸换算系数

试件尺寸/（mm×mm×mm）	尺寸换算系数
100×100×100	0.95
200×200×200	1.05

4.6.7 试验记录表格

水泥混凝土立方体抗压强度试验记录表见表 4-12。

表 4-12 水泥混凝土立方体抗压强度试验记录表

试件编号	成型日期	强度等级/MPa	试验日期	龄期/d	试件尺寸/（mm×mm×mm）	极限荷载/kN	抗压强度测值/MPa	抗压强度测定值/MPa	换算成标准抗压强度测定值/MPa
1									

续表

试件编号	成型日期	强度等级/MPa	试验日期	龄期/d	试件尺寸/(mm×mm×mm)	极限荷载/kN	抗压强度测值/MPa	抗压强度测定值/MPa	换算成标准抗压强度测定值/MPa
2									
3									

检测：　　　　记录：　　　　计算：　　　　校核：

4.7 水泥混凝土劈裂抗拉强度试验

4.7.1 试验目的

水泥混凝土劈裂抗拉强度试验是一项重要的混凝土力学试验，其试验目的不仅在于评估混凝土的拉伸强度和延伸性能，更在于确保混凝土在实际应用中的稳定性和耐久性，为工程质量控制和施工方案的设计提供重要参考。

4.7.2 试验依据

《混凝土物理力学性能试验方法标准》（GB/T 50081-2019）。

4.7.3 试验原理

水泥混凝土劈裂抗拉强度是在立方体试件的两个相对表面竖线上作用的均匀分布的压力，这种加载方式会在试件内部产生均匀分布的拉伸应力，导致试件中心出现应力集中。随着荷载的不断增加，试件中心逐渐出现裂纹，当拉伸应力达到水泥混凝土极限抗拉强度时，试件将发生劈裂破坏，从而测定出水泥混凝土的劈裂抗拉强度。

4.7.4 主要仪器设备

（1）压力机或万能试验机。
（2）劈裂抗拉试验装置，如图4-2所示。
（3）垫条：直径为150mm的弧形钢，长度不短于试件边长。

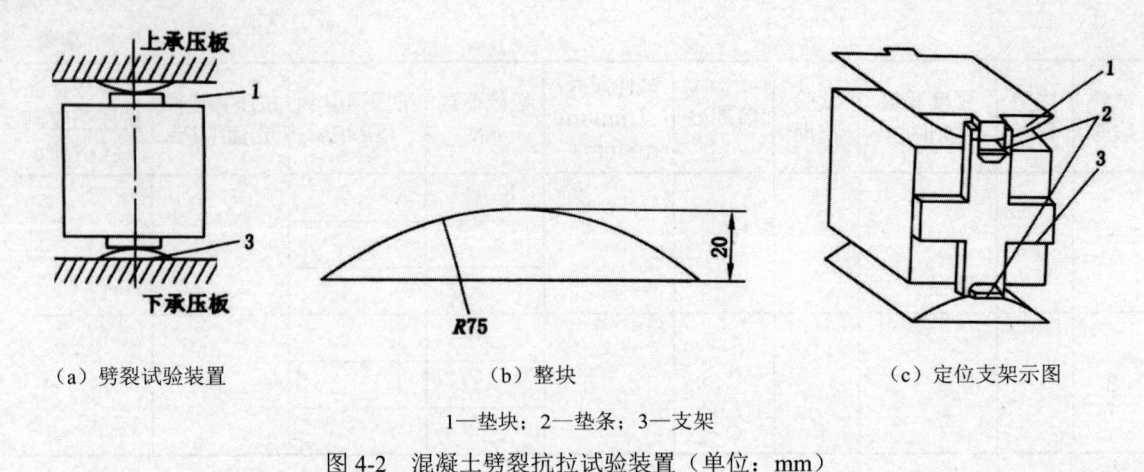

（a）劈裂试验装置　　　　　　（b）整块　　　　　　（c）定位支架示图

1—垫块；2—垫条；3—支架

图 4-2　混凝土劈裂抗拉试验装置（单位：mm）

4.7.5　操作步骤

（1）将待测试件放在标准养护箱养护至龄期28d，达到龄期后，从养护地点取出试件并检查其尺寸和外观形状，尺寸应符合规范规定的要求。

（2）试件取出后应及时进行试验，放置在试验机前，应将试件表面与上、下承压板面擦拭干净，并在试件顶面和底面中部画出相互平行的直线，确定出劈裂面的位置。

（3）试件安装时，将试件放在试验机下承压板的中心位置，劈裂承压面和劈裂面应与试件成型时的顶面垂直；在上、下压板与试件之间垫以圆弧形垫块及垫条各一块，确保垫块与垫条应与试件上、下面的中心线对准与成型时的顶面垂直。

（4）开启试验机，试件表面与上、下承压板或钢垫板应均匀接触。

（5）在试验过程中应连续均匀地加荷载，对于强度等级小于 C30 的混凝土取 0.02～0.05MPa/s 的加荷速度；强度等级大于 C30 小于 C60 时，则取 0.05～0.08MPa/s 的加荷速度；强度等级大于 C60 的混凝土取 0.08～0.1MPa/s 的加荷速度。

（6）采用手动控制试验机加荷速度时，当试件接近破坏时，应停止调整试验机的油门，直至试件破坏，记下破坏时的极限荷载。

（7）试件断裂面应垂直于承压面，当断裂面不垂直于承压面时，应做好记录。

4.7.6　数据处理与结果分析

（1）水泥混凝土立方体试件的劈裂抗拉强度按式（4-3）计算。

$$f_t = \frac{2F}{\pi A} = 0.637 \frac{F}{A} \tag{4-3}$$

式中：f_t 为水泥混凝土立方体试件劈裂抗拉强度，MPa，计算结果应精确至 0.01MPa；F 为水泥混凝土立方体试件破坏荷载，N；A 为水泥混凝土立方体试件劈裂面面积，mm²。

（2）劈裂抗拉强度值的确定应符合下列规则：三个试件测试值的算术平均值作为该组试件的劈裂抗拉强度值；三个测值中的最大值或最小值中，如果有一个与中间值的差值超过中间值的15%时，则把最大及最小值剔除，取中间值作为该组试件的劈裂抗拉强度值；如果最大值和最小值与中间值的差均超过中间值的15%，则该组试件的试验结果无效。

（3）采用100mm×100mm×100mm非标准试件测得的劈裂抗拉强度值应乘以尺寸换算系数0.85。当混凝土强度等级大于等于C60时，应采用标准试件。

4.7.7 试验记录表格

水泥混凝土劈裂抗拉强度试验记录表见表4-13。

表4-13 水泥混凝土劈裂抗拉强度试验记录表

试件编号	劈裂面面积/mm²	极限荷载/kN	劈裂抗拉强度测值/MPa	劈裂抗拉强度平均值/MPa	标准立方体试件劈裂抗拉强度值/MPa

检测：　　　　　记录：　　　　　计算：　　　　　校核：

4.8 水泥混凝土抗折强度试验

4.8.1 试验目的

水泥混凝土抗折强度试验用于评估混凝土在受到弯曲力作用时的抵抗能力，即其抗折拉性能，这一指标对于确保混凝土结构的安全性和耐久性至关重要。

本试验方法规定了测定水泥混凝土抗折极限强度的方法，以提供设计参数，检查水泥混凝土施工品质。本试验方法适用于各类水泥混凝土棱柱体试件。

4.8.2 试验依据

《混凝土物理力学性能试验方法标准》（GB/T 50081-2019）。

4.8.3 试验原理

水泥混凝土抗折强度试验是通过模拟混凝土在实际受力状态下的弯曲变形，评估其抵抗弯曲破坏的能力，为混凝土结构的设计和评估提供重要依据。

在试验过程中，试件通常被放置在两个可移动的支座上，并在试件的中部施加集中荷载，使试件在受到弯曲力矩的作用下产生变形。随着荷载的逐渐增加，试件的上表面会受到压应力，而下表面则受到拉应力。当拉应力达到混凝土的极限抗拉强度时，试件的下表面会出现裂缝，并随着荷载的继续增加而扩展。当裂缝贯穿整个试件截面时，试件将发生破坏，此时所施加的荷载即为试件的抗折强度。

除了记录测量试件的破坏荷载，还要记录试件在弯曲过程中的变形情况，包括试件中心的挠度等参数。通过这些数据，可以绘制出荷载-挠度曲线，从而进一步分析混凝土的抗折性能。

4.8.4 主要仪器设备

（1）压力机或万能试验机。

（2）抗折试验装置（即三分点处双点加荷和三点自由支承式混凝土抗折强度与抗折弹性模量试验装置），如图4-3所示。

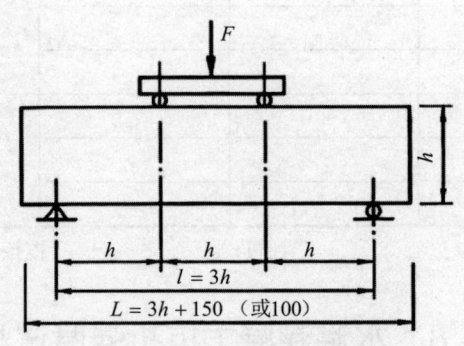

图4-3 混凝土抗折强度试验装置

4.8.5 操作步骤

（1）将达到规定龄期的试件取出后，用湿毛巾覆盖并及时进行试验，保持试件干湿状态不变。检查试件，如果发现试件中部1/3长度内有蜂窝等缺陷，则该试件废弃。在试件中部量出其宽度和高度，精确至1mm。

（2）调整两个可移动支座，将试件安放在支座上，试件成型时的侧面朝上，几何对中后，务必使支座及承压面与活动船形垫块的接触面平稳、均匀，否则应垫平。

（3）加荷时，应保持均匀、连续。当混凝土的强度等级小于C30时，加荷速度为0.02～0.05MPa/s；当混凝土的强度等级大于等于C30且小于C60时，加荷速度为0.05～0.08MPa/s；当混凝土的强度等级大于等于C60时，加荷速度为0.08～0.10MPa/s。当试件接近破坏而开始迅速变形时，不得调整试验机油门，直至试件破坏，记下破坏时的极限荷载F。

（4）记录下最大荷载和试件下边缘断裂的位置。

4.8.6 数据处理与结果分析

(1) 当断面发生在两个加荷点之间时,抗折强度按式(4-4)计算:

$$f_{cf} = \frac{FL}{bh^2} \tag{4-4}$$

式中:f_{cf} 为抗折强度,MPa;F 为极限荷载,N;L 为支座间距离,mm;b 为试件宽度,mm;h 为试件高度,mm。

(2) 以三个试件测值的算术平均值为测定值。三个试件中最大值或最小值中,如果有一个与中间值之差超过中间值的 15%,则把最大值和最小值舍去,以中间值作为试件的抗折强度;如果最大值和最小值与中间值之差值均超过中间值 15%,则该组试验结果无效。

(3) 三个试件中如果有一个断裂面位于加荷点外侧,则混凝土抗折强度按另外两个试件的试验结果计算。如果这两个测值的差值不大于这两个测值中较小值的 15%,则以两个测值的平均值为测试结果,否则结果无效。

(4) 如果有两根试件均出现断裂面位于加荷点外侧,则该组结果无效。

(5) 采用 100mm×100mm×400mm 非标准试件时,在三分点加荷的试验方法同上述,但所取得的抗折强度值应乘以尺寸换算系数 0.85。当混凝土强度等级大于等于 C60 时,应采用标准试件。

4.8.7 试验记录表格

水泥混凝土抗折强度试验记录表见表 4-14。

表 4-14 水泥混凝土抗折强度试验记录表

试件编号	成型日期	强度等级/MPa	试验日期	龄期/d	试件尺寸/(mm×mm×mm)	断面与临近端的距离/mm	极限荷载/kN	抗折强度测值/MPa	抗折度测定值/MPa	换算成标准抗折强度测定值/MPa
1										
2										
3										

检测: 记录: 计算: 校核:

第 5 章 砂浆试验检测实训

5.1 概 述

5.1.1 定义与分类

砂浆是由胶凝材料、细集料、掺合料、水以及根据性能确定的各种组分按适当比例配比、拌制并经硬化而成的工程材料。

（1）砂浆的组成材料。

1）胶凝材料。胶凝材料在砂浆中起着胶结作用，它是影响砂浆和易性、强度等技术性质的主要组成。土木工程砂浆常用的胶凝材料有水泥、石灰等。

水泥品种的选择与混凝土相同。水泥强度等级应为砂浆强度等级的 4~5 倍，水泥强度等级过高，将使水泥用量不足而导致保水性不良。石灰膏和熟石灰不仅是作为胶凝材料使用，更主要的是其可以使砂浆具有良好的保水性。

为了改善砂浆的和易性，可以向砂浆中添加适量的石灰配置成石灰砂浆。为了保证砂浆质量，除了磨细生石灰，石灰需经充分熟化成石灰膏，陈伏两周以上再掺入到砂浆中搅拌均匀。

2）细集料。砂浆中所用的细集料通常为砂，应符合混凝土用砂的技术要求，优先选用优质河砂。由于砂浆层较薄，对砂的最大粒径应有所限制。用于砌筑石材的砂浆，砂的最大粒径不大于砂浆层厚度的 1/5~1/4；砖砌体所用的砂浆宜采用中砂或细砂，且砂的粒径不大于 2.5mm；各种构件表面的抹面砂浆及勾缝砂浆，宜采用细砂，且砂的粒径不大于 1.2mm；用于装饰的砂浆，可采用彩砂、石渣等。

3）掺合料。在砂浆中掺入石灰膏、粉煤灰、沸石粉等材料可改善砂浆的和易性，节约水泥，降低成本。还可以掺入外加剂如防水剂、增塑剂、早强剂等改善砂浆的某些性能。

（2）砂浆的分类。

1）按组成材料分类。砂浆按组成材料可分为石灰砂浆、水泥砂浆和混合砂浆。

石灰砂浆由石灰膏、砂和水按一定配合比制成，一般用于强度要求不高、不受潮湿的砌体和抹灰层。石灰砂浆仅用于强度要求低、干燥的环境中，成本比较低。水泥砂浆由水泥、砂和水按一定配合比制成，一般用于潮湿环境或水中的砌体、墙面或地面等。混合砂浆是在石灰或水泥砂浆中掺加适当掺合料，如粉煤灰、硅藻土等制成的，以节约水泥或石灰用量，并改善砂浆的和易性。常用的混合砂浆有水泥石灰砂浆、水泥黏土砂浆和石灰黏土砂浆等。

水泥砂浆强度较高，但和易性较差，适用于潮湿环境、水中以及要求砂浆强度等级较高的工程；石灰砂浆和易性较好，但强度很低，又由于石灰是气硬性胶凝材料，故石灰砂浆不宜用于潮湿的环境和水中，一般用于地上强度要求不高的底层建筑或临时建筑；水泥石灰砂浆强度、和易性、耐水性介于水泥砂浆和石灰砂浆之间，一般用于地面以上工程。

2）按用途不同分类。按用途不同可分为砌筑砂浆、抹面砂浆（包括装饰砂浆和防水砂浆）、特种砂浆等。

①砌筑砂浆是指用于砌筑砖、砌块、石材等各种块材的砂浆。砌筑砂浆起着黏结块材、传递荷载、协调变形的作用。同时，砂浆还填充块材之间的缝隙，提高砌体的保温、隔声等性能。

②抹面砂浆是指涂抹在建筑物或建筑构件表面的砂浆的总称，又称为抹灰砂浆。抹面砂浆的作用是保护主体结构免遭各种侵蚀，提高结构的耐久性，改善结构的外观。抹面砂浆按其功能的不同，分为普通抹面砂浆、装饰抹面砂浆、防水砂浆和保温砂浆等。

5.1.2 取样方法及试验要求

砂浆检验或验收的主要依据有《建筑砂浆基本性能试验方法标准》（JGJ/T 70-2009）、《砌体结构工程施工质量验收规范》（GB 50203-2011）和《砌筑砂浆增塑剂》（JG/T 164—2004）。

（1）砂浆取样。

1）组批原则或取样频率。

①每一检验批且不超 250m³ 砌体的各种类型及强度等级的砌筑砂浆，每台搅拌机应至少抽检一次。

②凡在砂浆中掺入有机塑化剂、早强剂、缓凝剂、防冻剂等，应在检验和试配符合要求后，方可使用。有机塑化剂应有砌体的强度型式检验报告。

有机塑化剂：掺量大于等于 5%，每 200t 为一批；掺量小于 5%大于等于 1%，每 100t 为一批号；掺量小于 1%大于等于 0.05%，每 50t 为一批；掺量小于 0.05%，每 10t 为一批。不足一批号的应按一个批号计。同一批号的产品必须混合均匀。

2）取样方法及数量。

①砂浆试块应从同盘砂浆或同一车砂浆中取样；应在砂浆搅拌点或预拌砂浆卸料点的至少三个不同部位随机取样制作。立方体抗压强度试块尺寸为 70.7mm×70.7mm×70.7mm，每组三块。

②同一类型、同一强度等级的砂浆试块应不少于三组。

③砂浆外加剂的取样数量应根据掺量取不少于试验数量的 2.5 倍。

（2）砂浆试件的制作。

1）试模应为 70.7mm×70.7mm×70.7mm 的带底试模。应采用黄油等密封材料涂抹试模的外接缝，试模内应涂刷薄层机油或隔离剂。应将拌制好的砂浆一次性装满砂浆试模，成型方法应根据稠度确定。当稠度大于 50mm 时，宜采用人工插捣成型；当稠度不大于 50mm 时，宜采用振动台振实成型。人工插捣应采用捣棒均匀由边缘向中心按螺旋方式插捣 25 次，插捣过程中当砂浆沉落低于试模口时，应随时添加砂浆，可用油灰刀插捣数次，并用手将试模一边抬高5～10 mm各振动5次，砂浆应高出试模顶面6～8 mm。

2）待表面水分稍干后，再将高出试模部分的砂浆沿试模顶面刮去并抹平。

3）试件制作后应在温度为（20±5）℃的环境下静置（24±2）h，并对试件进行编号、拆模。当气温较低时，或者凝结时间大于24h的砂浆，可适当延长时间，但不应超过2d。

（3）砂浆试件养护。

试件拆模后应立即放入温度为（20±2）℃，相对湿度为90%以上的标准养护室中养护。养护期间，试件彼此间隔不得小于10mm，混合砂浆、湿拌砂浆试件上面应有覆盖，防止有水滴在试件上。从搅拌加水开始计时，标准养护龄期应为28d。

5.1.3 主要技术指标

（1）砌筑砂浆拌和物的表观密度。砌筑砂浆拌和物的表观密度应符合表5-1的规定。

表5-1 砌筑砂浆拌和物的表观密度

砂浆种类	表观密度/（kg/m³）
水泥砂浆	≥1900
水泥混合砂浆	≥1800
预拌砂浆	≥1800

（2）新拌砂浆的和易性。砂浆的和易性是指，新拌砂浆是否易于施工并能保证质量的综合性质。和易性好的砂浆能比较容易地在砖石表面上铺成均匀的薄层，能很好地与底面黏结。新拌砂浆的和易性包括流动性和保水性两个方面。

1）流动性（稠度）。砂浆的流动性是指在自重或外力作用下流动的性能，也称稠度。砂浆的流动性用稠度仪测定，用"沉入度"（单位为mm）表示。沉入度值越大，砂浆流动性越大。在选用砂浆的稠度时，应根据砌体材料的种类、施工条件、气候条件等因素来决定。

砌筑砂浆施工稠度按表5-2选用。

表5-2 砌筑砂浆的施工稠度

砌体种类	施工稠度/mm
烧结普通砖砌体、粉煤灰砖砌体	70～90
混凝土砖砌体、普通混凝土小型空心砌块砌体、灰砂砖砌体	50～70
烧结多孔砖砌体、烧结空心砖砌体、轻集料混凝土小型空心砌块砌体、蒸压加气混凝土砌块砌体	60～80
石砌体	30～50

2）保水性。砂浆的保水性是指砂浆能够保持水分的性能。保水性好的砂浆无论是运输、静置还是铺设在底面上，水都不会很快从砂浆中分离出来，仍保持着必要的稠度。在砂浆中保持一定数量的水分，不但易于操作，而且还可使水泥正常水化，从而保证砌体强度。为使砂浆具有良好的保水性，可掺入一些微细颗粒的掺合材料，如石灰膏、磨细粉煤灰等。

砂浆保水性用保水率来表示。砌筑砂浆的保水率应符合表5-3的要求。

表 5-3　砌筑砂浆的保水率

砂浆的种类	保水率/%
水泥砂浆	≥80
水泥混合砂浆	≥84
预拌砂浆	≥88

砂浆的保水性可用砂浆分层度仪测定，以分层度表示。分层度过大，表示砂浆易产生分层离析，不利于施工及水泥硬化。砌筑砂浆分层度不应大于30mm。分层度过小，容易发生干缩裂缝，故通常砂浆分层度不宜小于10mm。

（3）强度。硬化后的砂浆应具有一定的抗压强度，抗压强度是划分砂浆强度等级的主要依据。

砂浆强度不仅受砂浆自身组成材料及配比的影响，还与基底材料的吸水性能有关。

若基底材料密实（如致密的石材），则基底材料对砂浆的吸水量较少，砂浆中的水分几乎保持不变，这时砂浆强度主要受水泥的强度和水灰比的影响，砂浆强度可用式（5-1）表示。

$$f_m = A \cdot f_{ce} \cdot \left(\frac{C}{W} - B\right) \tag{5-1}$$

式中：f_m 为砂浆28d抗压强度值，MPa；f_{ce} 为水泥28d胶砂抗压强度实测值，MPa；C/W 为砂浆的灰水比；A，B 为统计常数，无统计资料时，可取0.29和0.4。

砂浆强度等级是以边长为70.7mm的立方体试块，在标准养护条件[温度（20±2）℃、相对湿度为95%以上]下，用标准试验方法测得28d龄期的抗压强度值（单位为MPa）确定。

水泥砂浆强度等级划分为M5、M7.5、M10、M15、M20、M25、M30共7个等级。混合砂浆强度等级划分为M5、M7.5、M10、M15共4个等级。

（4）砌筑砂浆的抗冻性。寒冷地区经常与水接触的建筑，砂浆应有较好的抗冻性。有抗冻性要求的砌体工程，砌筑砂浆应进行冻融试验。砌筑砂浆的抗冻性应符合表5-4的要求，且当设计对抗冻性有明确要求时，还应符合设计规定。

表 5-4　砌筑砂浆的抗冻性

使用条件	抗冻指标	质量损失率/%	强度损失率/%
夏热冬暖地区	F15	≤5	≤25
夏热冬冷地区	F25		
寒冷地区	F35		
严寒地区	F50		

（5）砌筑砂浆中胶凝材料的用量。砌筑砂浆中的水泥和石灰膏、电石膏等材料的用量可按表5-5选用。

表 5-5　砌筑砂浆的材料用量

砂浆的种类	材料用量/（kg/m³）
水泥砂浆	≥200
水泥混合砂浆	≥350
预拌砂浆	≥200

注：1. 水泥砂浆中的材料用量是指水泥用量。
　　2. 水泥混合砂浆中的材料用量是指水泥和石灰膏、电石膏的材料总量。
　　3. 预拌砂浆中的材料用量是指胶凝材料用量，包括水泥和替代水泥的粉煤灰等活性物掺合料。

（6）砂浆试配时应采用机械搅拌。搅拌时间应从开始加水算起，并应符合下列规定。

1）对水泥砂浆和水泥混合砂浆，搅拌时间不得少于120s。

2）对预拌砂浆和掺有粉煤灰、外加剂、保水增稠材料等的砂浆，搅拌时间不得少于180s。

（7）砂浆的变形性。砂浆在承受荷载、温度和湿度变化时，会产生变形。如果变形过大或不均匀，会影响砌体的质量，引起砌体的沉降或开裂，如出现墙板接缝开裂、瓷砖脱落等现象。若使用轻集料制砂浆或掺合料过多，会引起砂浆收缩，导致变形过大。

（8）砂浆的黏结力。砂浆的黏结力是影响砌体抗剪强度、耐久性和稳定性，乃至建筑物抗震能力和抗裂性的基本因素之一。通常，砂浆的抗压强度越高，其黏结力越大。砂浆的黏结力还与基层材料的表面状况、清洁程度、润湿情况及施工养护等条件有关。在润湿、粗糙清洁的表面上，养护良好的砂浆的黏结力较好。

5.2　砂浆拌和物的拌制试验

5.2.1　试验目的

掌握建筑砂浆拌和物的拌制方法，为测试和调整建筑砂浆的工作性能和砂浆配合比设计做好准备。

5.2.2　试验依据

《建筑砂浆基本性能试验方法标准》（JGJ/T 70-2009）、《砌筑砂浆配合比设计规程》（JGJ/T 98-2010）。

5.2.3　主要仪器设备

（1）砂浆搅拌机。

（2）磅秤：称量为50kg，感量为50g。

（3）台秤：称量为10kg，感量为5g。

（4）其他：拌和铁板、铁铲、抹刀、量筒等。

5.2.4 试验方法

（1）一般规定。

1）建筑砂浆试验用料应根据不同要求，从同一盘搅拌或同一车运送的砂浆中取出；实验室取样时，可以从拌和的砂浆中取出，所取试样数量应多于试验用料的1~3倍。

2）实验室拌制砂浆进行试验时，试验材料应与现场用料一致，并提前运入室内，使砂风干；拌和时室温应为（20±5）℃；水泥若有结块应充分混合均匀，并通过孔径为0.9mm的筛。砂子应过孔径为5mm的筛。

3）拌制砂浆时，所用材料应以质量计量。称量精度：水泥、外加剂等为±0.5%，砂、石灰膏等为±1%。

4）拌制前应将搅拌机、拌和铁板、铁铲、抹刀等工具表面用水润湿，注意拌和铁板上不能积水。

5）搅拌时，可用机械搅拌或人工搅拌。用搅拌机搅拌时，其搅拌量不宜少于搅拌机容量的20%，搅拌时间不宜少于2min。

（2）搅拌方法。

1）人工拌和法。

①按确定的砂浆配合比，用磅秤、台秤称取好各项材料的用量。

②将拌和铁板与拌和铁铲等用湿布润湿，然后将称量好的砂子平摊在拌和铁板上，再倒入水泥，用铁铲从拌和铁板的一端翻至另一端，如此反复，直到将混合物拌制到颜色均匀为止。

③将拌制均匀的混合物集中成堆，并在其中间做一个凹槽，将称量好的石灰膏或黏土膏倒入凹槽中，再加入适量的水将石灰膏或黏土膏稀释（若为水泥砂浆，则将称量好的水倒一部分到凹槽里），然后与水泥、砂一起拌和。用量筒逐次加水进行拌和，每翻拌一次，需用拌和铁铲将全部砂浆压切一次，需仔细拌和均匀，直至混合物颜色一致、和易性符合要求为止。拌和时间一般需5min。

2）机械拌和法。

①按照确定的砂浆配合比，先用磅秤、台秤称取好各项材料的用量。

②正式拌和前应先对砂浆搅拌机进行挂浆，即用相同配合比的砂、水泥、水先拌制适量的砂浆，然后倒入搅拌机，在搅拌机中进行搅拌，使搅拌机内壁黏附一层薄水泥砂浆，然后倒出多余的砂浆。这样可防止正式拌和时水泥浆挂失而影响砂浆的配合比，保证拌制质量。

③称量好砂、水泥和水的用量，然后按照水、砂、水泥的顺序倒入搅拌机内。

④开动搅拌机，进行搅拌，搅拌时间为3min。

⑤搅拌停止，将砂浆拌和物从搅拌机中倒在拌和铁板上，再用铁铲翻拌两次，直至砂浆拌和物混合均匀为止。

5.3 砂浆稠度试验

5.3.1 试验目的

砂浆稠度对施工的难易程度有重要影响。同时，通过测定砂浆的稠度，可以控制用水量，为确定配合比、选择合理稠度及确定满足施工要求的流动性提供依据。

5.3.2 试验依据

《建筑砂浆基本性能试验方法标准》（JGJ/T 70-2009）和《砌筑砂浆配合比设计规程》（JGJ/T 98-2010）。

5.3.3 试验原理

砂浆的流动性是指在自重或外力作用下流动的性能，也称稠度。砂浆稠度用砂浆稠度测定仪测定，是以标准圆锥体在规定时间内沉入砂浆拌和物的深度表示，即沉入量，以 mm 计。影响砂浆稠度的因素有很多，如胶凝材料的种类及用量、用水量，砂的粗细和粒形、级配、搅拌时间等。

5.3.4 主要仪器设备

（1）砂浆稠度测定仪：如图 5-1 所示，由试锥、盛浆容器和支座三个主要部分组成。

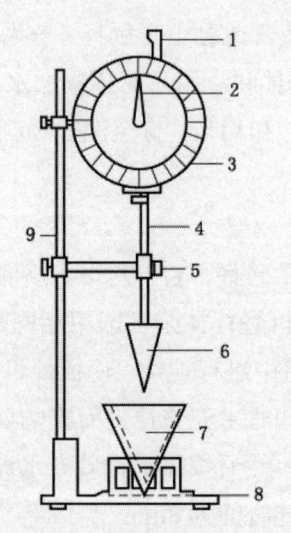

1—齿条测杆；2—指针；3—刻度盘；4—滑竿；5—制动螺丝；
6—试锥；7—盛浆容器；8—底座；9—支架
图 5-1 砂浆稠度测定仪

试锥由钢材或铜材制成，试锥高度为 145mm，锥底直径为 75mm，试锥连同滑杆的质量应为（300±2）g；盛载砂浆容器由钢板制成，筒高为 180mm，锥底内径为 150mm；支座分底座、支架及刻度显示三个部分，由铸铁、钢及其他金属制成。

（2）钢制捣棒：直径为 10mm、长 350mm，端部磨圆。

（3）秒表。

5.3.5　操作步骤

（1）用少量润滑油轻擦滑杆，再将滑杆上多余的油用吸油纸擦净，使滑杆能自由滑动。

（2）用湿布擦净盛浆容器和试锥表面，再将砂浆拌和物一次装入容器，使砂浆表面低于容器口约 10mm。用捣棒从容器中心向边缘均匀地插捣 25 次，然后轻轻地将容器摇动或敲击 5~6 下，使砂浆表面平整，随后将容器置于稠度测定仪的底座上。

（3）拧开制动螺丝，向下移动滑杆，当试锥尖端与砂浆表面刚接触时，拧紧制动螺丝，使齿条测杆下端刚接触滑杆上端，并将指针对准零点。

（4）拧开制动螺丝，同时计时，10s 时立即拧紧螺丝，将齿条测杆下端接触滑杆上端，从刻度盘上读出下沉深度（精确至 1mm），即为砂浆的稠度值。

值得注意的是，盛浆容器内的砂浆，只允许测定一次稠度，当需要重复测定时，应重新取样测定。

5.3.6　数据处理与结果分析

同一盘砂浆应取两次试验结果的算术平均值作为砂浆稠度的测定结果，计算值精确至 1mm。当两次试验值之差大于 10mm 时，应重新取样进行测定。

5.3.7　试验记录表格

砂浆稠度试验记录表见表 5-6 所示。

表 5-6　砂浆稠度试验记录表

试验次数	砂浆稠度/mm	差值/mm	平均值/mm
1			
2			

检测：　　　　　记录：　　　　　计算：　　　　　校核：

5.4　砂浆分层度试验

5.4.1　试验目的

确定砂浆保存水分的能力，测定砂浆拌和物在运输、停放和使用过程中的离析、保水能力及砂浆内部各组分之间的相对稳定性，以评定砂浆的和易性。

5.4.2 试验依据

《建筑砂浆基本性能试验方法标准》（JGJ/T 70-2009）、《砌筑砂浆配合比设计规程》（JGJ/T 98-2010）。

5.4.3 试验原理

砂浆的分层度用砂浆分层度测定仪测定，以分层度（单位为mm）表示。分层度过大，砂浆易产生分层离析，不利于施工及水泥硬化。分层度过小，或接近于零的砂浆，易发生干缩裂缝，故砌筑砂浆分层度控制在10～30mm。

5.4.4 主要仪器设备

（1）砂浆分层度筒：内径为150mm，上节高度为200mm、下节带底净高为100mm，用金属板制成。上、下层连接处需加宽到3～5mm，并设有橡胶垫圈，如图5-2所示。

（2）振动台：振幅为（0.5±0.05）mm，频率为（50±3）Hz。

（3）砂浆稠度仪、木锤等。

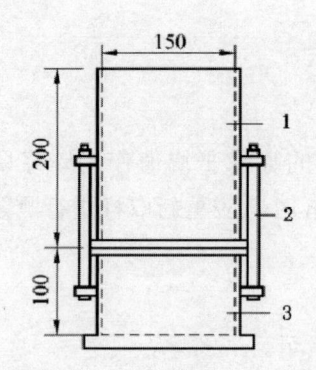

1—无底圆筒；2—连接螺栓；3—有底圆筒

图 5-2　砂浆分层度筒（单位：mm）

5.4.5 操作步骤

（1）标准法。

1）将砂浆拌和物按砂浆稠度试验方法测定稠度。

2）将砂浆拌和物一次装入砂浆分层度筒内，待装满后，用木锤在砂浆分层度筒周围距离大致相等的4个不同地方轻轻敲击1～2下。当砂浆沉落到低于筒口，应随时添加，然后刮去多余的砂浆并用抹刀抹平。

3）静置30min后，去掉上节200mm砂浆，然后将剩余的100mm砂浆倒在搅拌锅内拌2min，再按砂浆稠度试验方法测其稠度。前后测得的稠度之差即为该砂浆的分层度值。

（2）快速法。

1）按砂浆稠度试验方法测定稠度。

2）将砂浆分层度筒预先固定在振动台上，砂浆一次装入砂浆分层度筒内，振动20s。

3）去掉上节200mm的砂浆，剩余100mm的砂浆倒出放在搅拌锅内拌2min，再按砂浆稠度试验方法测其稠度，前后测得的稠度之差即可认为是该砂浆的分层度值。

5.4.6　数据处理与结果分析

（1）应取两次试验结果的算术平均值作为该砂浆的分层度值，精确至1mm。

（2）砂浆的分层度值宜为10～30mm。如果大于30mm，则易发生分层、离析和泌水等现象；如果小于10mm，则砂浆过干，不宜铺设且容易产生干缩裂缝；如果两次分层度测试值之差大于20mm，则应重新取样进行测试。

5.4.7　试验记录表格

砂浆分层度试验记录表见表5-7。

表5-7　砂浆分层度试验记录表

试验次数	砂浆分层度值/mm	差值/mm	平均值/mm
1			
2			

检测：　　　　　　记录：　　　　　　计算：　　　　　　校核：

5.5　砂浆保水性试验

5.5.1　试验目的

测定砂浆的保水性，以判定砂浆拌和物在运输及停放时内部组分的稳定性。

5.5.2　试验依据

《建筑砂浆基本性能试验方法标准》（JGJ/T 70-2009）和《砌筑砂浆配合比设计规程》（JGJ/T 98-2010）。

5.5.3　试验原理

新拌砂浆保持其内部水分不泌出流失的能力，称为保水性。保水性不好的砂浆在存放、运输和施工过程中容易产生泌水和离析，并且当铺抹于基底后，水分易被基面快速吸收，从而使砂浆干涩，不便于施工，不易铺成均匀密实的砂浆薄层。同时，保水性不好也影响水泥的正常水化硬化，使强度和黏结力下降。为了提高水泥砂浆的保水性，往往会向其中掺入适量的石灰膏，也可在砂浆中掺入适量的微沫剂或塑化剂。这能明显改善砂浆的保水性和流动性，但应严格控制掺量。

5.5.4 主要仪器设备

（1）金属或硬塑料圆环试模：内径为100mm、内部高度为25mm。
（2）可密封的取样容器：应清洁、干燥。
（3）2kg的重物。
（4）医用棉纱：尺寸为110mm×110mm，宜选用纱线稀疏，厚度较薄的棉纱。
（5）超白滤纸：符合《化学分析滤纸》（GB/T 1914—2017）中速定性滤纸的要求，直径为110mm，200g/m²。
（6）两片金属或玻璃的方形或圆形不透水片：边长或直径大于110mm。
（7）天平：量程为200g，感量为0.1g；量程为2000g，感量为1g。
（8）烘箱。

5.5.5 操作步骤

（1）称量下不透水片与干燥试模质量 m_1 和 8 片中速定性滤纸质量 m_2。
（2）将砂浆拌和物一次性填入试模，并用抹刀插捣数次，当填充砂浆略高于试模边缘时，用抹刀以45°的角度一次性将试模表面多余的砂浆刮去，然后再用抹刀以较平的角度在试模表面反方向将砂浆刮平。
（3）抹掉试模边的砂浆，称量试模、下不透水片与砂浆总质量 m_3。
（4）用两片医用棉纱覆盖在砂浆表面，再在棉纱表面放上8片滤纸，用不透水片盖在滤纸表面，以2kg的重物把不透水片压住。
（5）静置2min后移走重物及不透水片，取出滤纸（不包括棉纱），迅速称量滤纸质量 m_4。
（6）以砂浆的配合比及加水量计算砂浆的含水率，若无法计算，可按砂浆含水率测试方法的规定测定砂浆的含水率。

5.5.6 数据处理与结果分析

砂浆保水性应按式（5-2）计算。

$$W = \left[1 - \frac{m_4 - m_2}{\alpha(m_3 - m_1)}\right] \times 100\% \tag{5-2}$$

式中：W 为保水性，%；m_1 为下不透水片与干燥试模质量，g；m_2 为8片滤纸吸水前的质量，g；m_3 为试模、下不透水片与砂浆总质量，g；m_4 为8片滤纸吸水后的质量，g；α 为砂浆含水率，%。

取两次试验结果的平均值作为结果，若两个测定值中有一个超出平均值的5%，则此组试验结果无效。

5.5.7 试验记录表格

砂浆保水性试验记录表见表 5-8 所示。

表 5-8 砂浆分层度试验记录表

试验次数	下不透水片与干燥试模质量 m_1 /g	8 片滤纸吸水前的质量 m_2 /g	试模、下不透水片与砂浆总质量 m_3 /g	8 片滤纸吸水后的质量 m_4 /g	保水性 W /%	平均值 /%
1						
2						

检测：　　　　记录：　　　　计算：　　　　校核：

5.6 砂浆表观密度试验

5.6.1 试验目的

测定砂浆表观密度，计算出细集料的孔隙率，从而了解材料的构造特征。

5.6.2 试验依据

《建筑砂浆基本性能试验方法标准》（JGJ/T 70-2009）。

5.6.3 试验原理

砌筑砂浆拌和物的表观密度，按《砌筑砂浆配合比设计规程》（JGJ/T 98-2010）的规定测定砂浆拌和物捣实后的单位体积质量（即质量密度）。砌筑砂浆拌和物的表观密度要求为水泥砂浆不小于 1900kg/m³，水泥混合砂浆和预拌砌筑砂浆不小于 1800kg/m³。

5.6.4 主要仪器设备

（1）容量筒：金属制成，内径为 108mm，净高为 109mm，筒壁厚 2mm，容积为 1L。
（2）天平：称量为 5kg，感量为 5g。
（3）钢制捣棒：直径为 10mm，长 350mm，端部磨圆。
（4）砂浆密度测定仪。
（5）振动台：振幅（0.5±0.05）mm，频率（50±3）Hz。
（6）秒表。

5.6.5 操作步骤

（1）按规定测定砂浆拌和物的稠度。

（2）用湿布擦净容量筒的内表面，称量容量筒质量 m_1，精确至 5g。

（3）捣实可采用人工插捣法或机械振动法。当砂浆稠度大于 50mm 时，宜采用人工插捣法；当砂浆稠度不大于 50mm 时，宜采用机械振动法。

采用人工插捣时，将砂浆拌和物一次装满容量筒，使其稍有富余。用捣棒由边缘向中心均匀地插捣 25 次，插捣过程中如果砂浆沉落到低于筒口，则应随时添加砂浆，再用木锤沿容器外壁敲击 5~6 下。

采用机械振动法时，将砂浆拌和物一次装满容量筒连同漏斗在振动台上振 10s，振动过程中如果砂浆沉入到低于筒口，应随时添加砂浆。

（4）捣实或振动后将筒口多余的砂浆拌和物刮去，使砂浆表面平整，然后将容量筒外壁擦净，称出砂浆与容量筒总质量 m_2，精确至 5g。

5.6.6 数据处理与结果分析

（1）砂浆拌和物的表观密度按式（5-3）计算。

$$\rho = \frac{m_2 - m_1}{V} \times 1000 \qquad (5\text{-}3)$$

式中：ρ 为砂浆拌和物的表观密度，kg/m³；m_1 为容量筒质量，kg；m_2 为容量筒及试样质量，kg；V 为容量筒容积，L。

取两次试验结果的算术平均值，精确至 10kg/m³。

（2）容量筒容积的校正。可采用一块能覆盖住容量筒顶面的玻璃板，先称出玻璃板和容量筒质量，然后向容量筒中灌入温度为（20±5）℃的饮用水，灌到接近上口时，一边不断加水，一边把玻璃板沿筒口徐徐推入盖严。应注意使玻璃板下不带入任何气泡，然后擦净玻璃板面及筒壁外的水分，称出容量筒、水和玻璃板的质量，精确至 5g。后者与前者质量之差（以 kg 计）即为容量筒的容积（以 L 计）。

5.6.7 试验记录表格

砂浆表观密度试验记录表见表 5-9。

表 5-9 砂浆表观密度试验记录表

试验次数	容量筒质量 m_1 /kg	容量筒及试样质量 m_2 /kg	容量筒容积 V /L	砂浆拌和物的表观密度 ρ/（kg/m³）	表观密度平均值 /（kg/m³）
1					
2					

检测：　　　　　　记录：　　　　　　计算：　　　　　　校核：

5.7　砂浆立方体抗压强度试验

5.7.1　试验目的

测定建筑砂浆立方体的抗压强度,以便确定砂浆的强度等级并判断其是否达到设计要求。

5.7.2　试验依据

《建筑砂浆基本性能试验方法标准》(JGJ/T 70-2009)、《公路工程水泥及水泥混凝土试验规程》(JTG 3420—2020)。

5.7.3　试验原理

该试验通过对立方体试件施加逐渐增大的荷载,直至试件发生破坏,从而测定砂浆的抗压强度。试验时,砂浆立方体试件(通常为 70.7mm×70.7mm×70.7mm)在特定条件下进行养护,以确保试件在测试时具有代表性。试验过程中,通过试验机对立方体试件施加均匀分布的压力,记录试件在受力过程中的变形和破坏情况。将荷载除以试件的受压面面积就是试件所受的应力。当试件发生破坏时,应力达到最大值,这个最大应力值即为砂浆试件的抗压强度值。

5.7.4　主要仪器设备

(1)试模:具有足够刚度并拆装方便的 70.7mm×70.7mm×70.7mm 的有底、无底试模。

(2)钢制捣棒:直径为 10mm,长 350mm 的钢棒,端部应磨圆。

(3)压力试验机:精度不大于±2%,试件的破坏荷载不小于压力机量程的 20%,也不大于全量程的 80%。

(4)垫板:试验机上、下压板及试件之间可垫以钢垫板。垫板的尺寸应大于试件的承压面,其不平度应为每 100mm,不超过 0.02mm。

(5)振动台:空载中台面的垂直振幅应为(0.5±0.05)mm,空载频率应为(50±3)Hz,空载台面振幅均匀度不大于 10%。一次试验应至少能固定三个试模。

(6)其他:批灰刀、抹刀、刷子等。

5.7.5　操作步骤

(1)砂浆立方体抗压强度试件的制备。
1)用于吸水基底的砂浆试件的制备。
①将无底试模的内壁涂刷脱模剂或薄层机油,再把吸水性较好的湿纸平整地铺在普通黏土砖上(砖的吸水率不小于 10%,含水率不大于 2%),然后把无底试模放在普通黏土砖上。
②将拌好的砂浆一次性装入试模并装满,然后用钢捣棒均匀地由外向里按螺旋方向插捣

25次，再用批灰刀沿模壁插捣数次，使砂浆高出试模顶面6~8mm，这样做是为了防止低稠度砂浆插捣后留下孔洞。

③15~30min后，当砂浆表面开始呈现麻斑状态时，将高出部分的砂浆沿试模顶部削去并抹平。

2）用于不吸水基底的砂浆试件的制备。

①将砂浆分两层装入有底的试模内，每层用钢捣棒均匀地插捣12次，然后用抹刀沿模壁插捣数次。

②静置15~20min后，使砂浆高出试模顶面6~8mm，然后用抹刀刮掉多余的砂浆，并抹平表面。

(2) 砂浆立方体抗压强度试件的养护。

试件制作后应在温度为（20±5）℃的环境下静置（24±2）h，并对试件进行编号、拆模。当气温较低时，或凝结时间大于24h的砂浆，可适当延长时间，但不应超过2d。试件拆模后应立即放入温度为（20±2）℃、相对湿度为90%以上的标准养护室中养护。养护期间，试件彼此间隔不小于10mm；混合砂浆、湿拌砂浆试件上面应被覆盖，防止有水滴在试件上。

(3) 砂浆立方体抗压强度试验。

1) 试件从养护地点取出后应及时进行试验。试验前将试件表面擦拭干净，测量尺寸，检查其外观，并应计算试件的承压面积。当实测尺寸与公称尺寸之差不超过1mm时，可按照公称尺寸进行计算。

2) 将试件安放在试验机的下压板（或下垫板）上，试件的承压面应与成型时的顶面垂直，试件中心应与试验机下压板（或下垫板）中心对准。开动试验机，当上压板与试件（或上垫板）接近时，调整球座，使接触面均衡受压。承压试验应连续而均匀地加荷，加荷速度应为0.5~1.5kN/s；当砂浆强度不大于2.5MPa时，宜取下限。当试件接近破坏而开始迅速变形时，停止调整试验机油门，直至试件被完全破坏，然后记录破坏荷载。

5.7.6 数据处理与结果分析

砂浆立方体抗压强度应按式（5-4）计算。

$$f_{m,cu} = K\frac{N_u}{A} \tag{5-4}$$

式中：$f_{m,cu}$为砂浆立方体试件抗压强度，MPa，精确至0.1MPa；N_u为试件的破坏荷载，N；A为试件承压面积，mm²；K为换算系数，按《建筑砂浆基本性能试验方法标准》（JGJ/T 70-2009）取1.35，按《公路工程水泥及水泥混凝土试验规程》（JTG 3420—2020）取1。

一组砂浆立方体抗压强度的确定与水泥混凝土立方体抗压强度确定的方法一致，按下列要求确定其28d强度：

(1) 当三个测量值较为平均时，以三个试件测值的算术平均值作为该组试件的砂浆立方体抗压强度平均值，精确至0.1MPa。

（2）当三个测值的最大值或最小值中，有一个与中间值的差值超过中间值的15%时，应把最大值及最小值一并舍去，取中间值作为该组试件的抗压强度值。

（3）当两个测值与中间值的差值均超过中间值的15%时，则该组试件的试验结果无效。

5.7.7 试验记录表格

砂浆抗压强度试验记录表见表 5-10。

表 5-10 砂浆抗压强度试验记录表

试样编号	受压面积/mm²	破坏荷载/kN	抗压强度/MPa	平均值/MPa	备注
1					
2					
3					

检测： 记录： 计算： 校核：

第6章 钢筋试验检测实训

6.1 概 述

6.1.1 定义与分类

所有用于土木工程的钢材均称为土木工程钢材，如钢管、型钢、钢筋、钢丝、钢绞线等，是工程建设的重要材料。钢材具有抗拉、抗压、抗冲击等特性，并能够切割、焊接与铆接，便于装配。钢材安全可靠，构件自重小，其种类较多，可以按化学成分、杂质含量、脱氧程度、加工工艺、冶炼方式等分类，也可以按专业方向、施加预应力等分类。钢材按专业方向分类，可分为建筑结构用钢、公路钢结构桥梁用钢、铁路桥梁钢结构用钢等；按施加预应力分类，可分为预应力钢和非预应力钢。其中，预应力钢又分为钢筋混凝土用钢和预应力混凝土用钢。本章主要介绍工程上应用最普遍、高校教学和试验较为普遍的钢筋混凝土用钢。

钢筋混凝土结构用的钢筋和钢丝，主要由碳素结构钢或低合金结构钢轧制而成。其主要品种有热轧钢筋、冷加工钢筋、热处理钢筋、预应力混凝土用钢丝和钢绞线，通常按直条或盘条（也称盘圆）供货。

钢筋混凝土用热轧钢筋，根据其表面状态特征、工艺与供应方式可分为热轧光圆钢筋、热轧带肋钢筋与热轧处理钢筋等。热轧带肋钢筋通常为圆形横截面，且表面通常带有两条纵肋和沿长度方向均匀分布的横肋。热轧带肋钢筋按肋纹的形状可分为月牙肋钢筋和等高肋钢筋，月牙肋钢筋有生产简便、强度高、应力集中敏感性小、性能好等优点，但其与混凝土的黏结锚固性能稍逊于等高肋钢筋。

6.1.2 取样方法及要求

钢筋和钢筋焊接接头检验或验收的主要依据有《钢筋混凝土用钢 第1部分：热轧光圆钢筋》（GB 1499.1—2024）、《钢筋混凝土用钢 第2部分：热轧带肋钢筋》（GB 1499.2—2024）、《钢筋焊接及验收规程》（JGJ 18-2012）等。

（1）钢筋。

1）组批原则或取样频率。

①同一牌号、同一炉罐号、同一尺寸的每60t为一个验收批。

②允许由同一牌号、同一冶炼方法、同一浇筑方法的不同炉罐号组成混合批。各炉罐号含碳量之差不大于0.02%，含锰量之差不大于0.15%，混合批的质量不大于60t。

2）取样方法及数量。

①热轧光圆钢筋及热轧带肋钢筋的拉伸及弯曲试样：从每批中任选两根切取（距端部 500mm），每根截取拉伸和弯曲试样各两根。拉伸试样长度一般为 450～500mm；弯曲试样长度一般为 250～300mm。

②热轧光圆钢筋及热轧带肋钢筋的尺寸应逐根检测。

③热轧光圆钢筋及热轧带肋钢筋的质量偏差试样应从每批的不同钢筋上截取，数量不少于 5 根，每根试样长度不小于 500mm。

（2）钢筋焊接接头。

1）组批原则或取样频率。气压焊：在现浇混凝土结构中，应以 300 个同牌号的接头作为一批；在房屋结构中，应在不超过连续两楼层中 300 个同牌号接头作为一批；当不足 300 个接头时，仍作为一批。

2）取样方法及数量。在柱、墙的竖向钢筋连接中，应从每批接头中随机切取三个接头进行拉伸试验；在梁、板的水平钢筋连接中，应另切取三个接头进行弯曲试验。拉伸试样长度一般为 450～500mm，弯曲试样长度一般为 300～350mm。

6.1.3 主要技术要求

（1）热轧光圆钢筋。热轧光圆钢筋（Hot Rolled Plain Steel Bar，HPB）是经热轧成型，横截面通常为圆形，表面光滑的成品钢筋。其牌号由 HPB 加上屈服强度特征值构成，如 HPB300。

直条钢筋实际质量与理论质量的允许偏差见表 6-1。

表 6-1 直条钢筋实际质量与理论质量的允许偏差

公称直径/mm	实际质量与理论质量的偏差/%
6～12	±6
14～22	±5

热轧光圆钢筋的力学性能要求，屈服强度 R_{eL}、抗拉强度 R_m、断后伸长率 A、最大力总伸长率 A_{gt} 等力学性能特征值应符合表 6-2 的规定。

表 6-2 钢筋力学性能

牌号	屈服强度 R_{eL} /MPa	抗拉强度 R_m /MPa	断后伸长率 A/%	最大力总伸长率 A_{gt}/%	冷弯试验 180° d 为弯心直径，a 为钢筋公称直径
HPB300	≥300	≥420	≥25	≥10	$d=a$

（2）热轧带肋钢筋。热轧带肋钢筋广泛用于房屋、桥梁、道路等土建工程建设，其牌号的构成及含义见表 6-3。

热轧带肋钢筋的实际质量与理论质量的允许偏差应符合表 6-4 的要求。

热轧带肋钢筋的力学性能要求，屈服强度 R_{eL}、抗拉强度 R_m、断后伸长率 A、最大力总伸长率 A_{gt} 等力学性能特征值应符合表 6-5 的规定。其弯曲性能按表 6-6 的弯心直径弯曲 180°后，钢筋受弯曲部位表面不得产生裂纹。

表 6-3 热轧带肋钢筋的牌号构成

类别	牌号	牌号构成	英文字母含义
普通热轧钢筋	HRB400 HRB500 HRB600	由 HRB+屈服强度特征值构成	HRB——热轧带肋钢筋的英文（Hot Rolled Ribbed Bars）缩写。 E——地震的英文（Earth-Quake）首字母
普通热轧钢筋	HRB400E HRB500E	由 HRB+屈服强度特征值+E 构成	
细晶粒热轧钢筋	HRBF400 HRBF500	由 HRBF+屈服强度特征值构成	HRBF——在热轧带肋钢筋的英文缩写后加"细"（Fine）的首字母。 E——地震的英文（Earth-Quake）首字母。
细晶粒热轧钢筋	HRBF400E HRBF500E	由 HRBF+屈服强度特征值+E 构成	

表 6-4 热轧带肋钢筋实际质量与理论质量的允许偏差

公称直径/mm	实际质量与理论质量的允许偏差/%
6～12	±6
14～20	±5
22～50	±4

表 6-5 热轧带肋钢筋的力学性能特征值

牌号	屈服强度 R_{eL} /MPa	抗拉强度 R_m /MPa	断后伸长率 A /%	最大力总伸长率 A_{gt}/%
HRB400、HRBF400	≥400	≥540	≥16	≥7.5
HRB400E、HRBF400E	≥400	≥540	—	≥9
HRB500、HRBF500	≥500	≥630	≥15	≥7.5
HRB500E、HRBF500E	≥500	≥630	—	≥9
HRB600	≥600	≥730	≥14	≥7.5

表 6-6 热轧带肋钢筋的弯心直径

牌号	公称直径 d/mm	弯心直径 a/mm
HRB400、HRBF400、HRB400E、HRBF400E	6～25	4d
HRB400、HRBF400、HRB400E、HRBF400E	28～40	5d
HRB400、HRBF400、HRB400E、HRBF400E	>40～50	6d
HRB500、HRBF500、HRB500E、HRBF500E	6～25	6d
HRB500、HRBF500、HRB500E、HRBF500E	28～40	7d
HRB500、HRBF500、HRB500E、HRBF500E	>40～50	8d

续表

牌号	公称直径 d/mm	弯心直径 a/mm
HRB600	6～25	6d
	28～40	7d
	>40～50	8d

（3）预应力混凝土用螺纹钢筋。预应力混凝土用螺纹钢筋（Prestressed Concrete Steel Bar，PSB）是一种热轧成带有不连续的外螺纹的直线钢筋。该钢筋在任意截面处，均可用带有匹配形状的内螺纹的连接器或锚具进行连接或锚固。根据《预应力混凝土用螺纹钢筋》（GB/T 20065—2016），预应力混凝土用螺纹钢筋以屈服强度划分级别，有 785、830、930、1080、1200 五个级别，其代号为 PSB 加上规定屈服强度最小值表示。例如，PSB930 表示屈服强度最小值为 930MPa 的钢筋。预应力混凝土用螺纹钢筋的公称直径范围为 15～75mm，标准推荐的公称直径为 25mm、32mm。

6.2 钢筋拉伸试验

6.2.1 试验目的

钢筋拉伸试验的目的是测定钢筋的屈服强度、抗拉强度与伸长率，观察拉力与变形之间的变化，确定应力与应变之间的关系曲线，以评定钢筋强度等级，是确定和检验钢材力学性能的主要依据。

6.2.2 试验依据

《钢筋混凝土用钢材试验方法》（GB/T 28900—2022）、《金属材料 拉伸试验 第1部分：室温试验方法》（GB/T 228.1—2021）。

6.2.3 试验原理

钢筋拉伸试验是在常温下进行的拉伸，是静载试验的一种。《金属材料 拉伸试验 第1部分：室温试验方法》（GB/T 228.1—2021）提供了两种试验速率的控制方法：第一种为应变速率控制（包括横梁位移速率），旨在减小测定应变速率敏感参数时的试验速率变化和减小试验结果的测量不确定度；第二种为应力速率控制。实际工程中，钢筋拉伸试验常常采用第二种方法。钢筋拉伸试验，通常在室温 10～35℃范围内，在万能试验机上进行，一般从钢筋拉伸屈服阶段直至断裂，测定钢筋的屈服强度、抗拉强度和断后伸长率。该试验是对温度要求严格的试验，试验温度为（23±5）℃。

6.2.4 主要仪器设备

（1）万能试验机：应经周期检定或校准，并应为Ⅰ级或优于Ⅰ级的准确度。
（2）游标卡尺：精度为 0.1mm。
（3）钢板尺：精度为 1mm。
（4）钢筋标点机。

6.2.5 操作步骤

（1）原始标距的标记。在试件拉伸前，用钢筋标点机在试件上标出一排或多排以 10mm 或 5mm 间距的等分点，同时计算比例试件的原始标距（L_0），原始标距（L_0）与试件的公称直径（d）的关系如式（6-1）。

$$L_0 = k\sqrt{S_0} = 5.65\sqrt{S_0} = 5\sqrt{\frac{4S_0}{\pi}} = 5d \tag{6-1}$$

式中：k 为比例系数，国际上使用的比例系数 k 的值为 5.65，特殊情况除外；S_0 为原始横截面积，mm^2；L_0 为原始标距，mm；d 为试件的公称直径，mm。

例如，直径为 12mm 的钢筋，其原始标距 L_0 为 60mm，如以 10mm 间距的等分点钢筋上连续 6 格或 7 个点的长度。

（2）设定试验力零点。在试验加载链装配完成后，试件两端被夹持之前，应设定测量系统的零点，一旦设定了力值零点，在试验期间力测量系统不能再发生变化。上述方法一方面是为了确保夹持系统的质量在测力时得到补偿，另一方面是为了保证夹持过程中产生的力不影响力值的测量。

（3）试样的夹持方法。应使用如楔形夹头、螺纹夹头、平推夹头、套环夹具等合适的夹具夹持试样。

应尽最大努力确保夹持的试样受轴向力的作用，尽量减少弯曲。

（4）试验速率。

1) 试验速率有应变速率控制和应力速率控制两种。此处介绍应力速率控制方法，在弹性范围和直至上屈服强度阶段，试验机夹头的分离速率应尽可能保持恒定并符合表 6-7 的规定。

表 6-7 热轧钢筋拉伸试验的应力速率

弹性模量 E/MPa	应力速率 R/（MPa/s）	
	最小值	最大值
<150000	2	20
≥150000	6	60

2) 屈服期间应变速率应在 0.00025～0.0025s^{-1} 之间。应变速率应尽可能保持恒定，如果不能直接调节这一应变速率，应通过调节屈服即将开始前的应力速率来调整，在屈服完成之前不

再调节试验机的控制。

3）测定屈服期间后，试验速率可以增加到不大于 $0.008s^{-1}$ 的应变速率。

（5）启动试验机进行拉伸，直至试件拉断。

（6）将已拉断的试件两端在断裂处对齐，尽量使其轴线位于同一条直线上，测量试件拉断后的标距长度 L_u。

6.2.6 数据处理与结果分析

（1）断后伸长率的测定。为了测定断后伸长率，应将试样断裂的部分仔细地拼接在一起，使其轴线处于同一直线上，并采取特别措施确保试样断裂部分适当接触后，尽量以断裂处为中心，测量试样的断后标距 L_u。

按式（6-2）计算断后伸长率。

$$A = \frac{L_u - L_0}{L_0} \times 100\% \tag{6-2}$$

式中：L_u 为断后标距，mm，精确至 0.1mm；L_0 为原始标距，mm；A 为断后伸长率，%，精确至 1%。

应使用分辨力足够的量具或测量装置测定断后伸长量（L_u–L_0）。

（2）屈服强度与抗拉强度的测定。

1）屈服强度。当金属材料呈现屈服现象时，在试验期间达到塑性变形发生而力不增加的应力点时，应区分上屈服强度和下屈服强度。

2）上屈服强度 R_{eH}。试样发生屈服而力首次下降前的最高应力，如图 6-1 所示。

3）下屈服强度 R_{eL}。在屈服期间，不计初始瞬时效应时的最低应力，如图 6-1 所示。

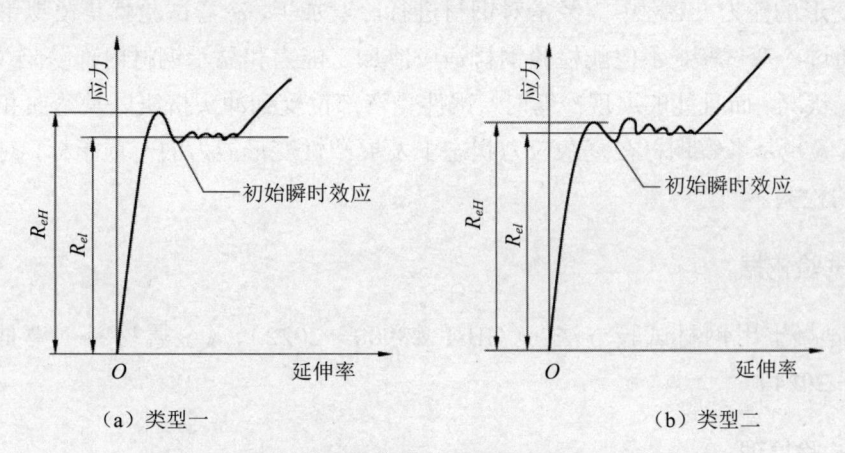

图 6-1 两种类型曲线的上屈服强度和下屈服强度

4）一般把下屈服强度作为试件的屈服强度，计算公式见式（6-3）。

$$R_{eL} = \frac{P}{S_0} \tag{6-3}$$

式中：R_{eL} 为屈服强度，MPa，修约至 1MPa；P 为下屈服点荷载，N；S_0 为原始横截面积，mm²。

5）抗拉强度 R_m。相应最大力 F_m 的应力，计算公式见式（6-4）。

$$R_m = \frac{F_m}{S_0} \tag{6-4}$$

式中：R_m 为抗拉强度，MPa，修约至 1MPa；F_m 为极限荷载，N；S_0 为原始横截面积，mm²。

6.2.7 试验记录表格

钢筋室温拉伸试验记录表见表 6-8。

表 6-8 钢筋室温拉伸试验记录表

试样编号	表面形状	钢筋等级	公称直径/mm	截面面积/mm²	原始标距/mm	屈服荷载/kN	极限荷载/kN	断后标距/mm	屈服强度/MPa	抗拉强度/MPa	伸长率/%
1											
2											

检测：　　　　　记录：　　　　　计算：　　　　　校核：

6.3 钢筋冷弯试验

6.3.1 试验目的

冷弯试验是评定钢材塑性和工艺性能的主要依据，用以检验钢材在常温下承受规定弯曲程度的弯曲变形的能力。工程中需经常对钢材进行冷弯加工，冷弯试验就是模拟钢材弯曲加工而确定的。通过冷弯试验，不但能检验钢材适应冷加工能力和显示钢材内部缺陷（如起层、非金属夹渣等）状况，而且能够展现冷弯时，试件受弯部位受到冲头挤压以及弯曲和剪切的复杂作用。冷弯试验也是考察钢材在复杂应力状态下发展塑性变形能力的一项指标，对钢材质量是一种较严格的检验。

6.3.2 试验依据

《钢筋混凝土用钢材试验方法》（GB/T 28900—2022）、《金属材料　弯曲试验方法》（GB/T 232—2024）。

6.3.3 试验原理

钢筋弯曲试验是以圆形、方形、矩形或多边形横截面试样在弯曲装置上经受弯曲塑性变形，不改变加力方向，直至达到规定的弯曲角度。试验一般在室温 10~35℃范围内进行。该试验是对温度要求严格的试验，试验温度为（23±5）℃。

6.3.4 主要仪器设备

弯曲试验机或万能试验机及不同直径的弯心。常用弯曲装置有支辊式、虎钳式、V形模具和翻板式4种,本小节介绍常用的支辊式弯曲装置。

6.3.5 操作步骤

(1) 根据具体相关产品标准规定,选择合适的弯心,并安装于试验机上。

(2) 调整试验机的支辊间距离,如图6-2所示,其中F为试验方,L为试件长度,l为支辊间距。

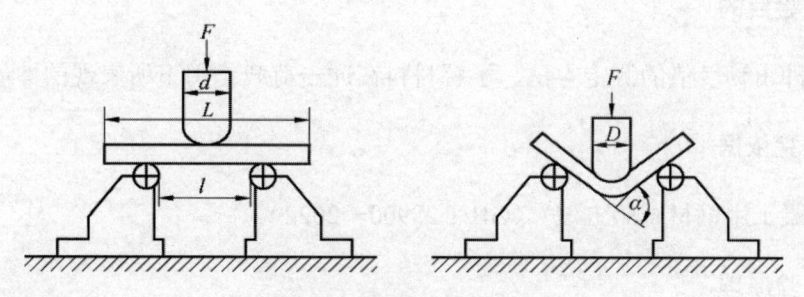

图6-2 支辊式弯曲示意图

支辊间距离按式(6-5)确定。

$$l = (D + 3a) \pm 0.5a \tag{6-5}$$

式中:l为支辊间距,mm;D为弯曲压头直径,mm;a为试样厚度或直径或多边形横截面内切圆直径,mm。支辊间距离在试验期间保持不变。

(3) 将准备好的试样放置在两支辊上。试样轴线应与弯心轴线相垂直,并使弯心对准两支辊之间的中点处。

(4) 启动试验机,以平稳压力向试件缓慢而连续地施加试验力,使之弯曲,直至达到规定的弯曲角度。

6.3.6 数据处理与结果分析

钢筋弯曲试验应按相关产品标准规定的弯曲角度为最小值(热轧钢筋原材弯曲角度180°)。如果规定了弯曲压头的直径,则以规定的弯曲压头直径作为最大值。如果未规定具体要求,弯曲试验后不使用放大仪器,直接进行常规肉眼观察,如果试样弯曲外表面无可见裂纹,则评定该钢筋弯曲合格。这里强调的是弯曲后试件弯曲部分的外表面,因为这个位置更容易开裂。

6.3.7 试验记录表格

钢筋冷弯试验记录表见表6-9。

表 6-9 钢筋冷弯试验记录表

试件编号	表面形状	钢筋等级	公称直径/mm	弯心直径/mm	弯曲角度	断裂形态（完好、裂纹）
1						
2						

检测：　　　　　　记录：　　　　　　计算：　　　　　　校核：

6.4 钢筋冲击试验

6.4.1 试验目的

掌握钢筋冲击韧度值的测定方法，了解材料在冲击荷载作用下所表现的性能。

6.4.2 试验依据

《钢筋混凝土用钢材试验方法》（GB/T 28900—2022）。

6.4.3 试验原理

冲击韧性是钢材抵抗冲击荷载而不被破坏的能力，也就是材料在冲击荷载的作用下吸收塑性变形功和断裂功的能力，反映材料内部的细微缺陷和抗冲击性能。冲击试验是基于能量守恒原理，即冲击试样消耗的能量是摆锤试验前后的势能差。冲击韧性指标的实际意义在于揭示材料的变脆倾向，反映金属材料对外来冲击负荷的抵抗能力，一般由冲击韧性值和冲击功表示，其单位分别为 J/cm^2 和 J。影响钢材冲击韧性的因素包括材料的化学成分、热处理状态、冶炼方法、内在缺陷、加工工艺及环境温度。

6.4.4 主要仪器设备

（1）冲击试验机。

（2）游标卡尺。

（3）摆锤刀刃：半径有 2mm 和 8mm 两种，参照相关产品标准选用。

6.4.5 操作步骤

（1）调整冲击试验机指针到"零点"，根据试样材料估计所需的破坏能量，先空打一次，测定机件间的摩擦消耗功。

（2）检查砧座跨距，砧座跨距应保持在（40±0.2）mm。

（3）测量试样的几何尺寸和缺口处的横截面尺寸。

（4）根据估计材料冲击韧性来选择试验机的摆锤和表盘。

（5）将试样装在冲击试验机上，应使没有缺口的面朝向摆锤冲击的一边，缺口的位置应在两支座中间，要使缺口和摆锤冲刃对准。

（6）进行试验。将摆锤举起到空打时的位置，打开锁杆，使摆锤落下，冲断试样，然后刹车，读出试样冲断时消耗的功。

6.4.6 数据处理与结果分析

材料的冲击韧度值 α_k 可按式（6-6）计算。

$$\alpha_k = \frac{W}{A} \tag{6-6}$$

式中：α_k 为冲击韧度值，J/cm^2；W 为冲断试样时所消耗的功，J；A 为试样缺口横截面面积，cm^2。

6.4.7 试验记录表格

钢筋冲击韧性试验记录表见表6-10。

表6-10 钢筋冲击韧性试验记录表

试件编号	试件尺寸/（cm×cm×cm）	试件缺口形状	缺口处横截面面积/cm^2	冲击吸收功/J	冲击韧性值/（J/cm^2）	端口形貌特征
1						
2						

检测：　　　　　记录：　　　　　计算：　　　　　校核：

6.5 钢筋焊接接头拉伸性能试验

6.5.1 试验目的

检测钢筋焊接件的拉伸性能，用以评定钢筋焊接接头强度等级。

6.5.2 试验依据

《钢筋焊接接头试验方法标准》（JGJ/T 27-2014）、《钢筋焊接及验收规程》（JGJ 18-2012）。

6.5.3 试验原理

在实际工程中，经常出现钢筋连接的情况，而焊接是钢筋最常用的连接方式，接头的焊接质量，将直接影响钢筋的整体性能及其质量。试验时，首先要对钢筋焊接接头的外观质量进行检查，当接头外观质量检查合格时，才可进行钢筋焊接接头的力学性能试验。钢筋焊接接头力学性能的试验原理、方法和操作过程与钢筋的力学性能试验基本相同。

6.5.4 主要仪器设备

（1）万能试验机：精确度为±1%。

(2)夹紧装置:应根据试样规格选用,在拉伸试验过程中不得与钢筋产生相对滑移,夹持长度宜为70~90mm;钢筋直径大于20mm时,夹持长度宜为90~120mm。

(3)游标卡尺:精确度为0.1mm。

(4)钢板尺:精确度为0.5mm。

6.5.5 操作步骤

(1)试样制备及要求。拉伸试样(除预埋件钢筋T型接头)的长度应为l_s+2l_j,其中l_s为受试长度,l_j为夹持长度。闪光对焊接头、电渣压力焊接头、气压焊接头的l_s均为$8d$(d为钢筋直径);双面搭接焊接头l_s为$8d+l_h$(l_h为焊缝长度);单面搭接焊接头l_s为$5d+l_h$。

(2)将试件夹紧于试验机上,加荷应连续平稳,不得有冲击或跳动,加荷速度为10~30MPa/s直至试件断裂(或出现颈缩后)为止。

(3)试验过程中应记录下列各项数据。

1)钢筋级别和公称直径。

2)试件拉断(或颈缩)前的最大荷载F_b值。

3)断裂(或颈缩)位置以及离开焊缝的距离。

4)断裂特征(塑性断裂或脆性断裂)或有无颈缩现象,如在试件断口上发现气孔、夹渣、未焊透、烧伤等焊接缺陷,应在试验报告中注明。

6.5.6 数据处理与结果分析

钢筋闪光对焊接头、电弧焊接头、电渣压力焊接头、气压焊接头、箍筋闪光对焊接头、预埋件钢筋T型接头的拉伸试验,应从每一检验批接头中随机切取3个接头进行试验并应按下列规定对试验结果进行评定。

(1)符合下列条件之一,应评定该检验批接头拉伸试验合格。

1)3个试件均断于钢筋母材,且呈延性断裂,其抗拉强度大于或等于钢筋母材抗拉强度标准值。

2)2个试件断于钢筋母材,且呈延性断裂,其抗拉强度大于或等于钢筋母材抗拉强度标准值;另外1个试件断于焊缝,且呈脆性断裂,其抗拉强度大于或等于钢筋母材抗拉强度标准值的1倍。

若试件断于热影响区,且呈延性断裂,应视作与断于钢筋母材等同;试件断于热影响区,呈脆性断裂,应视作与断于焊缝等同。

(2)符合下列条件之一,应进行复验。

1)2个试件断于钢筋母材,且呈延性断裂,其抗拉强度大于或等于钢筋母材抗拉强度标准值;另一试件断于焊缝,或热影响区,且呈脆性断裂,其抗拉强度小于钢筋母材抗拉强度标准值的1倍。

2)1个试件断于钢筋母材,且呈延性断裂,其抗拉强度大于或等于钢筋母材抗拉强度标准值；另外 2 个试件断于焊缝或热影响区，且呈脆性断裂。

（3）3 个试件均断于焊缝，且呈脆性断裂，其抗拉强度均大于或等于钢筋母材抗拉强度标准值的 1 倍时，应进行复验。当 3 个试件中有 1 个试件的抗拉强度小于钢筋母材抗拉强度标准值的 1 倍，应评定该检验批接头拉伸试验不合格。

（4）复验时，应切取 6 个试件进行试验。试验结果中，若有 4 个或 4 个以上试件断于钢筋母材，且呈延性断裂，其抗拉强度大于或等于钢筋母材抗拉强度标准值；另 2 个或 2 个以下试件断于焊缝，且呈脆性断裂，其抗拉强度大于或等于钢筋母材抗拉强度标准值的 1 倍，应评定该检验批接头拉伸试验复验合格。

（5）可焊接的余热处理钢筋 HRB400W 的焊接接头拉伸试验结果，其抗拉强度应符合同级别热轧带肋钢筋抗拉强度标准值 540MPa 的规定。

（6）预埋件钢筋 T 型接头的拉伸试验结果，3 个试件的抗拉强度均大于或等于规定值时，应评定该检验批接头拉伸试验合格。若有 1 个接头试件抗拉强度小于规定值时，应进行复验。

复验时，应切取 6 个试件进行试验。复验结果，其抗拉强度均大于或等于规定值时，应评定该检验批接头拉伸试验复验合格。

6.5.7 试验记录表格

钢筋焊接接头拉伸试验记录表见表 6-11。

表 6-11 钢筋焊接接头拉伸试验记录表

接头种类	试件编号	外观检查情况	抗拉强度/MPa 焊接前	抗拉强度/MPa 焊接后	结果判定
	1				
	2				
	3				

检测： 记录： 计算： 校核：

第 7 章 墙体材料试验检测实训

7.1 概 述

7.1.1 定义与分类

墙体材料是土建工程中重要的建筑材料之一，是建筑物的重要组成部分，它在结构中起着承重、围护、分隔、绝热和隔声等作用。墙体按墙体受力情况和材料分为承重墙和非承重墙。目前，常用的墙体材料品种较多，主要有砌墙砖、砌块和板材三大类。

砌墙砖按生产方式，可分为烧结砖和非烧结砖；按原材料，可分为黏土砖、页岩砖、灰砂砖、煤矸石砖、粉煤灰砖、炉渣砖等；按外形，可分为普通砖（实心砖）、多孔砖及空心砖。凡通过高温焙烧而制得的砖，均统称为烧结砖。烧结砖根据原料，分为烧结黏土砖、烧结煤矸石砖、烧结粉煤灰砖、烧结页岩砖等；根据外形，又可分为烧结普通砖、烧结多孔砖、烧结空心砖等。非烧结砖又称免烧砖，这类砖的强度是通过在制砖时掺入一定量的胶凝材料或在生产过程中生成一定的胶凝物质而获得。

砌块是用于建筑工程的人造块材，多为直角六面体，也有各种异型的。建筑砌块是我国大力推广应用的新型墙体材料之一。建筑砌块品种多、规格多，按尺寸分类，可分为大型砌块（主规格高度>980mm）、中型砌块（主规格高度380～980mm）和小型砌块（主规格高度115～380mm）；按密实情况分类，可分为实心砌块（空心率<25%）、空心砌块（空心率25%～40%）、多孔砌块（表观密度 300～900kg/m³）；按主要原材料分类，可分为普通混凝土砌块、轻骨料混凝土砌块、粉煤灰硅酸盐砌块、煤矸石砌块和加气混凝土砌块。目前应用较多的是混凝土小型空心砌块、蒸压加气混凝土砌块、粉煤灰硅酸盐砌块和石膏砌块等。

板材主要用于内墙板或隔墙板，其品种繁多，有纸面石膏板、石膏纤维板、石膏空心条板、石膏刨花板、玻璃纤维增强水泥（Glass Fiber Reinforced Cement，GRC）轻质多孔条板、GRC 平板、纤维水泥平板、水泥刨花板、轻质陶粒混凝土条板、轻集料混凝土配筋墙板等。

本章主要介绍砌墙砖和墙用砌块的相关试验检测。

7.1.2 取样方法及试验要求

（1）烧结多孔砖和多孔砌块。3.5 万～15 万块为一批，不足 3.5 万块按一批计。外观质量检验的试样采用随机抽样法，在每一检验批的产品堆垛中抽取，其他检验项目的样品用随机抽样法从外观质量检验合格的样品中抽取。抽样数量按表 7-1 进行。

表 7-1　烧结多孔砖和多孔砌块抽样数量（GB 13544—2011）

序号	检验项目	抽样数量/块	序号	检验项目	抽样数量/块
1	外观质量	50（$n_1=n_2=50$）	6	泛霜	5
2	尺寸偏差	20	7	石灰爆裂	5
3	密度等级	3	8	吸水率和饱和系数	5
4	强度等级	10	9	冻融	5
5	孔型、孔结构及孔洞率	3	10	放射性	3

（2）烧结普通砖。3.5 万～15 万块为一批，不足 3.5 万块按一批计。外观质量检验的试样采用随机抽样法，在每一检验批的产品堆垛中抽取，其他检验项目的样品用随机抽样法从外观质量检验合格的样品中抽取。抽样数量按表 7-2 进行。

表 7-2　烧结普通砖抽样数量（GB/T 5101—2017）

序号	检验项目	抽样数量/块	序号	检验项目	抽样数量/块
1	外观质量	50（$n_1=n_2=50$）	6	石灰爆裂	5
2	欠火砖、酥砖、螺旋纹砖	50	7	吸水率和饱和系数	5
3	尺寸偏差	20	8	冻融	5
4	强度等级	10	9	放射性	2
5	泛霜	5			

（3）蒸压灰砂实心砖和实砌块。按强度等级分批验收，以同一批原材料、同一生产工艺、同一规格尺寸，强度等级相同的 10 万块且不超过 1000m³ 的产品为一批，不足 10 万块亦按一批计。尺寸偏差和外观质量检验的样品从堆场中抽取。其他检验项目的样品用随机抽样法从尺寸偏差和外观质量检验合格的样品中抽取。抽样数量按表 7-3 进行。

表 7-3　蒸压灰砂砖抽样数量（GB/T 11945—2019）

检验项目	抽样数量/块	检验项目	抽样数量/块
尺寸偏差和外观质量	50	抗压强度	5
吸水率	3	抗冻性	10
碳化系数	12	软化系数	10
线性干燥收缩率	3	放射性核素限量	2

（4）蒸压加气混凝土砌块（GB 11968—2020）。同品种、同规格、同等级的砌块，以 3 万块为一批，不足 3 万块的亦为一批。随机抽取 50 块，进行尺寸偏差、外观检验。从外观与尺寸偏差检验合格的砌块中，随机抽取 6 块砌块制作试件，每块制作 1 组试件，进行如下项目检验。

1）干密度：3 组。

2）抗压强度：3 组。

（5）蒸压粉煤灰砖。以同一批原材料、同一生产工艺生产、同一规格型号、同一强度等级和同一龄期的每 10 万块砖为一批，不足 10 万块的按一批计。尺寸偏差和外观质量的检验样品用随机抽样法从每一检验批的产品中抽取,其他检验项目的样品用随机抽样法从尺寸偏差和外观质量检验合格的样品中抽取。抽样数量按表7-4进行。

表7-4 蒸压粉煤灰砖抽样数量（JC/T 239—2014）

检验项目	抽样数量/块	检验项目	抽样数量/块
尺寸偏差和外观质量	100（$n_1=n_2=50$）	抗冻性	20
强度等级	20	碳化系数	25
吸水率	3	放射性核素限量	3
线性干燥收缩值	3		

（6）普通混凝土小型砌块。砌块按规格、种类、龄期和强度等级分批验收。以同一批原材料配制成的相同规格、龄期、强度等级和相同生产工艺生产的500m³且不超过3万块为一批，每周生产不足500m³且不超过3万块的按一批计。

每批随机抽取32块进行尺寸偏差和外观质量检验。从尺寸偏差和外观质量合格的检验批中，随机抽取表7-5中所示数量进行其他项目检验。

表7-5 普通混凝土小型砌块抽样数量（GB/T 8239—2014）

检验项目	样品数量/块 (H/B)≥0.6	样品数量/块 (H/B)<0.6
空心率	3	3
外壁和肋厚	3	3
强度等级	5	10
吸水率	3	3
线性干燥收缩值	3	3
抗冻性	10	20
碳化系数	12	22
软化系数	10	20
放射性核素限量	3	3

注：H/B（高宽比）是指试样在实际使用状态下的承压高度（H）与最小水平尺寸（B）之比。

（7）轻集料混凝土小型空心砌块。砌块按密度等级和强度等级分批验收。以同一品种轻集料和水泥按同一生产工艺制成的，相同密度等级和强度等级的300m³砌块为一批；不足300m³者亦按一批计。

出厂检验时，每批随机抽取32块进行尺寸偏差和外观质量检验；再从尺寸偏差和外观质量检验合格的砌块中，随机抽取下列数量进行以下项目的检验。

1）强度：5块。

2）密度、吸水率和相对含水率：3块。

型式检验时，每批随机抽取64块，并在其中随机抽取32块进行尺寸偏差、外观质量检验；如果尺寸偏差和外观质量合格，则在 64 块中抽取尺寸偏差和外观质量合格的试样按表 7-6 中所示数量取样进行其他项目检验。

表 7-6　轻集料混凝土小型空心砌块抽样数量（GB/T 15229—2011）

检验项目	抽样数量/块
强度	5
密度、吸水率、相对含水率	3
干燥收缩率	3
抗冻性	10
软化系数	10
碳化系数	12
放射性	2

7.1.3　主要技术指标

（1）烧结普通砖（GB/T 5101—2017）。

1）烧结普通砖尺寸允许偏差应符合表 7-7 的要求。

表 7-7　烧结普通砖尺寸允许偏差　　　　　　　　　　　　　单位：mm

公称尺寸	指标	
	样本平均偏差	样本极差，
240	±2	≤6
115	±1.5	≤5
53	±1.5	≤4

2）烧结普通砖外观质量应符合表 7-8 的要求。

表 7-8　烧结普通砖外观质量　　　　　　　　　　　　　　　单位：mm

项目		指标
两条面高度差		不大于 2
弯曲		不大于 2
杂质凸出高度		不大于 2
缺棱掉角的三个破坏尺寸		不得同时大于 5
裂纹长度	大面上宽度方向及其延伸至条面的长度	不大于 30
	大面上长度方向及其延伸至顶面的长度或条、顶面上水平裂纹的长度	不大于 50
完整面		不得少于一条面和一顶面

注：1. 为砌筑挂浆面施加凹凸纹、槽、压花等不算缺陷。
　　2. 凡有下列缺陷之一者，不得称为完整面：①缺损在条面或顶面上造成的破坏面尺寸同时大于 10mm×10mm；②条面或顶面上裂纹宽度大于 1mm，其长度超过 30mm；③压陷、粘底、焦花在条面上或顶面上的凹陷或凸出超过 2mm，区域尺寸同时大于 10mm×10mm。

3) 烧结普通砖抗压强度应符合表 7-9 的要求。

表 7-9 烧结普通砖的抗压强度　　　　　　　　　　　单位：MPa

强度等级	抗压强度平均值 $\bar{f}$	强度标准值 f_k
MU30	≥30	≥22
MU25	≥25	≥18
MU20	≥20	≥14
MU15	≥15	≥10
MU10	≥10	≥6.5

（2）蒸压粉煤灰砖（JC/T 239—2014）。

1) 蒸压粉煤灰砖尺寸允许偏差和外观质量应符合表 7-10 的要求。

表 7-10 蒸压粉煤灰砖尺寸允许偏差和外观质量

项目			技术指标
外观质量	缺棱掉角	个数/个	≤2
		三个方向投影尺寸的最大值/mm	≤15
	裂纹	裂纹延伸的投影尺寸累计/mm	≤20
	层裂		不允许
尺寸偏差	长度/mm		+2 / −1
	宽度/mm		±2
	高度/mm		+2 / −1

2) 蒸压粉煤灰砖的强度等级应符合表 7-11 的要求。

表 7-11 蒸压粉煤灰砖的强度等级　　　　　　　　　　单位：MPa

强度等级	抗压强度		抗折强度	
	平均值	单块最小值	平均值	单块值最小值
MU10	≥10	≥8	≥2.5	≥2
MU15	≥15	≥12	≥3.7	≥3
MU20	≥20	≥16	≥4	≥3.2
MU25	≥25	≥20	≥4.5	≥3.6
MU30	≥30	≥24	≥4.8	≥3.8

（3）烧结多孔砖和多孔砌块（GB 13544—2011）。

1) 烧结多孔砖和多孔砌块尺寸允许偏差应符合表 7-12 的要求。

2) 烧结多孔砖和多孔砌块外观质量应符合表 7-13 的要求。

表 7-12　烧结多孔砖和多孔砌块尺寸允许偏差　　　　　　　　　　　　　　　单位：mm

尺寸	样本平均偏差	样本极差
>400	±3	≤10
300～400	±2.5	≤9
200～300	±2.5	≤8
100～200	±2	≤7
<100	±1.5	≤6

表 7-13　烧结多孔砖和多孔砌块外观质量　　　　　　　　　　　　　　　　　单位：mm

项目	指标
完整面	不得少于一条面和一顶面
缺棱掉角的三个破坏尺寸	不得同时大于 30
裂纹长度：大面（有孔面）上深入孔壁 15mm 以上宽度方向及其延伸至条面的长度	不大于 80
裂纹长度：大面（有孔面）上深入孔壁 15mm 以上长度方向及其延伸至顶面的长度	不大于 100
裂纹长度：条、顶面上水平裂纹的长度	不大于 100
杂质在砖或砌块面上造成的凹凸高度	不大于 5

注：凡有下列缺陷之一者，不得称为完整面。
1. 缺损在条面或顶面上造成的破坏面尺寸同时大于 20mm×30mm。
2. 条面或顶面上裂纹宽度大于 1mm，其长度超过 70mm。
3. 压陷、粘底、焦花在条面上或顶面上的凹陷或凸出超过 2mm，区域最大投影尺寸同时大于 20mm×30mm。

3）烧结多孔砖和多孔砌块密度等级应符合表 7-14 的要求。

表 7-14　烧结多孔砖和多孔砌块密度等级　　　　　　　　　　　　　　　　　单位：kg/m³

密度等级（砖）	密度等级（砌块）	三块砖或砌块干燥表观密度平均值
—	900	≤900
1000	1000	900～1000
1100	1100	1000～1100
1200	1200	1100～1200
1300	—	1200～1300

4）烧结多孔砖和多孔砌块强度等级应符合表 7-15 的要求。

5）烧结多孔砖和多孔砌块孔型、孔结构及孔洞率应符合表 7-16 的规定。

（4）烧结空心砖和空心砌块（GB/T 13545—2014）。

1）烧结空心砖尺寸允许偏差应符合表 7-17 的要求。

表 7-15 烧结多孔砖和多孔砌块强度等级　　　　　　　　　单位：MPa

强度等级	抗压强度平均值 $\bar{f}$	强度标准值 f_k
MU30	≥30	≥22
MU25	≥25	≥18
MU20	≥20	≥14
MU15	≥15	≥10
MU10	≥10	≥6.5

表 7-16 烧结多孔砖和多孔砌块孔型、孔结构及孔洞率

孔型	孔洞尺寸/mm 孔宽度尺寸 b	孔洞尺寸/mm 孔长度尺寸 L	最小壁厚/mm	最小肋厚/mm	孔洞率/% 砖	孔洞率/% 砌块	孔洞排列
矩形条孔或矩形孔	≤13	≤40	≥12	≥5	≥28	≥33	(1) 所有孔宽应相等，孔采用单向或双向交错排列 (2) 孔洞排列上下、左右应对称，分布均匀，手抓孔的长度方向尺寸必须平行于砖的条面

注：1. 矩形孔的孔长 L、孔宽 b 满足式 L≥3b 时，为矩形条孔。
　　2. 孔四个角应做成过渡圆角，不得做成直尖角。
　　3. 如果有砌筑砂浆槽，则砌筑砂浆槽不计算在孔洞率内。
　　4. 规格大的砖和砌块应设置手抓孔，手抓孔尺寸为(30～40)mm×(75～85)mm。

表 7-17 烧结空心砖尺寸允许偏差　　　　　　　　　　　　单位：mm

尺寸	样本平均偏差	样本极差
>300	±3	≤7
>200～300	±2.5	≤6
100～200	±2	≤5
<100	±1.7	≤4

2) 烧结空心砖外观质量应符合表 7-18 的要求。

表 7-18 烧结空心砖外观质量　　　　　　　　　　　　　　单位：mm

项目		指标
弯曲		不大于 4
缺棱掉角的三个破坏尺寸		不得同时大于 30
垂直度差		不大于 4
未贯穿裂纹长度	大面上宽度方向及其延伸至条面的长度	不大于 100
未贯穿裂纹长度	大面上长度方向或条面上水平方向的长度	不大于 120
贯穿裂纹长度	大面上宽度方向及其延伸至条面的长度	不大于 40
贯穿裂纹长度	壁、肋沿长度方向、宽度方向及其水平方向的长度	不大于 40

续表

项目	指标
壁、肋内残缺长度	不大于 40
完整面	不少于一条面或一大面

注：凡有下列缺陷之一者，不得称为完整面。
1．缺损在大面、条面上造成的破坏面尺寸同时大于 20mm×30mm。
2．大面、条面上裂纹宽度大于 1mm，其长度超过 70mm。
3．压陷、粘底、焦花在条面上或顶面上的凹陷或凸出超过 2mm，区域尺寸同时大于 20mm×30mm。

3）烧结空心砖强度等级应符合表 7-19 的指标。

表 7-19　烧结空心砖强度等级　　　　　　　　　单位：MPa

强度等级	抗压强度		
	平均值	变异系数 $\delta \leqslant 0.21$，强度标准值	变异系数 $\delta > 0.21$，单块最小值
MU10	≥10	≥7	≥8
MU7.5	≥7.5	≥5	≥5.8
MU5	≥5	≥3.5	≥4
MU3.5	≥3.5	≥2.5	≥2.8

4）烧结空心砖密度等级应符合表 7-20 的指标。

表 7-20　烧结空心砖密度等级　　　　　　　　　单位：kg/m³

密度等级	5 块体积密度平均值	密度等级	5 块体积密度平均值
800	≤800	1000	901~1000
900	801~900	1100	1001~1100

（5）蒸压灰砂实心砖和实心砌块（GB/T 11945—2019）。

蒸压灰砂实心砖和实心砌块强度等级应符合表 7-21 的要求。

表 7-21　蒸压灰砂实心砖和实心砌块强度等级　　　　　　单位：MPa

强度等级	抗压强度	
	平均值	单个最小值
MU30	≥30	≥25.5
MU25	≥25	≥21.2
MU20	≥20	≥17
MU15	≥15	≥12.8
MU10	≥10	≥8.5

（6）蒸压加气混凝土砌块（GB/T 11968—2020）。

1）蒸压加气混凝土砌块强度级别分为 A1，A2，A2.5，A3.5，A5 五个级别，见表 7-22。

表 7-22　蒸压加气混凝土砌块的强度级别

项目	强度级别									
	A1.5	A2		A2.5		A3.5			A5	
干密度级别	B03	B04	B04	B05	B04	B05	B06	B05	B06	B07

2）蒸压加气混凝土砌块的尺寸偏差与外观质量符合表 7-23 的要求。

表 7-23　蒸压加气混凝土砌块尺寸偏差与外观质量

项目			指标	
			Ⅰ型	Ⅱ型
尺寸允许偏差/mm	长度	L	±3	±4
	宽度	B	±1	±2
	高度	H	±1	±2
缺棱掉角	最小尺寸/mm		≤10	≤30
	最大尺寸/mm		≤20	≤70
	三个方面尺寸之和不大于 120mm 的掉角个数/个		≤0	≤2
裂纹	列纹长度/mm		≤0	≤70
	任意面不大于 70mm 的裂纹条数/条		≤0	≤1
	每块裂纹总数/条		≤0	≤2
损坏深度/mm			≤0	≤10
表面疏松、分层、表面油污			无	无
平面弯曲/mm			≤1	≤2
直角度/mm			≤1	≤2

3）蒸压加气混凝土砌块的抗压强度满足表 7-24 的要求。

表 7-24　蒸压加气混凝土砌块的抗压强度　　　　　　　　单位：MPa

强度级别	立方体抗压强度	
	平均值	单组最小值
A1.5	≥1.5	≥1.2
A2	≥2	≥1.7
A2.5	≥2.5	≥2.1
A3.5	≥3.5	≥3
A5	≥5	≥4.2

4）蒸压加气混凝土砌块的干密度要符合表 7-25 的要求。

表 7-25 蒸压加气混凝土砌块的干密度   单位：kg/m³

项目	干密度级别				
	B03	B04	B05	B06	B07
平均干密度	≤350	≤450	≤550	≤650	≤750

5）蒸压加气混凝土砌块干燥收缩值、导热系数符合表7-26要求，蒸压加气混凝土砌块抗冻性符合表7-27要求。

表 7-26 蒸压加气混凝土砌块干燥收缩值、抗冻性和导热系数

项目	干密度级别				
	B03	B04	B05	B06	B07
干燥收缩值/（mm/m）	≤0.5				
导热系数（干态）/[W/(m·K)]	≤0.1	≤0.12	≤0.14	≤0.16	≤0.18

表 7-27 蒸压加气混凝土砌块抗冻性符号

项目		强度级别		
		A2.5	A3.5	A5
抗冻性	冻后质量平均值损失/%	≤5		
	冻后强度平均值损失/%	≤20		

（7）普通混凝土小型砌块（GB/T 8239—2014）。

1）普通混凝土小型砌块尺寸允许偏差和外观质量应符合表7-28的规定。

表 7-28 普通混凝土小型砌块尺寸允许偏差和外观质量

项目名称		技术指标
长度/mm		±2
宽度/mm		±2
高度/mm		+3、-2
弯曲		不大于2
掉角缺棱	个数/个	不超过1
	三个方向投影尺寸的最小值/mm	不大于20
	裂纹延伸的投影尺寸累计/mm	不大于30

注：免浆砌块的尺寸允许偏差，应由企业根据块型特点自行给出。尺寸偏差不应影响垒砌和墙片性能。

2）普通混凝土小型砌块强度等级应符合表7-29的规定。

（8）轻集料混凝土小型空心砌块（GB/T 15229—2011）。

1）轻集料混凝土小型空心砌块尺寸偏差和外观质量应符合表7-30的规定。

2）轻集料混凝土小型空心砌块强度等级应符合表7-31的要求。

表 7-29　普通混凝土小型砌块强度等级　　　　　单位：MPa

强度等级	抗压强度 平均值	抗压强度 单块最小值
MU5	≥5	≥4
MU7.5	≥7.5	≥6
MU10	≥10	≥8
MU15	≥15	≥12
MU20	≥20	≥16
MU25	≥25	≥20
MU30	≥30	≥24
MU35	≥35	≥28
MU40	≥40	≥32

表 7-30　轻集料混凝土小型空心砌块尺寸偏差和外观质量

项目		指标
尺寸偏差/mm	长度	±3
	宽度	±3
	高度	±3
最小外壁厚/mm	用于承重墙体	≥30
	用于非承重墙体	≥20
肋厚/mm	用于承重墙体	≥25
	用于非承重墙体	≥20
缺棱掉角	个数/块	≤2
	三个方向投影的最大值/mm	≤20
裂缝延伸的累计尺寸/mm		≤30

表 7-31　轻集料混凝土小型空心砌块强度等级

强度等级	抗压强度/MPa 平均值	抗压强度/MPa 最小值	密度等级范围/(kg/m³)
MU2.5	≥2.5	≥2	≤800
MU3.5	≥3.5	≥2.8	≤1000
MU5	≥5	≥4	≤1200
MU7.5	≥7.5	≥6	≤1200[①] ≤1300[②]
MU10	≥10	≥8	≤1200[①] ≤1400[②]

注：当砌块的抗压强度同时满足两个强度等级或两个以上强度等级要求时，应以满足要求的最高强度等级为准。
①指除自然煤矸石掺量不小于砌块质量35%以外的其他砌块；②指自然煤矸石掺量不小于砌块质量35%的砌块。

3）轻集料混凝土小型空心砌块密度等级应符合表 7-32 的指标。

表 7-32　轻集料混凝土小型空心砌块密度等级　　　　　　　　　单位：kg/m³

密度等级	干表观密度范围
700	≥510，≤700
800	≥710，≤800
900	≥810，≤900
1000	≥910，≤1000
1100	≥1010，≤1100
1200	≥1110，≤1200
1300	≥1210，≤1300
1400	≥1310，≤1400

（9）粉煤灰混凝土小型空心砌块（JC/T 862—2008）。

1）粉煤灰混凝土小型空心砌块尺寸偏差和外观质量应符合表 7-33 的规定。

表 7-33　粉煤灰混凝土小型空心砌块尺寸偏差和外观质量

项目		指标
尺寸允许偏差/mm	长度	±2
	宽度	±2
	高度	±2
最小外壁厚/mm	用于承重墙体	≥30
	用于非承重墙体	≥20
肋厚/mm	用于承重墙体	≥25
	用于非承重墙体	≥15
缺棱掉角	个数/块	≤2
	三个方向投影的最小值/mm	≤20
裂缝延伸的累计尺寸/mm		≤20
弯曲/mm		≤2

2）粉煤灰混凝土小型空心砌块强度等级应符合表 7-34 的指标。

表 7-34　粉煤灰混凝土小型空心砌块强度等级　　　　　　　　　单位：MPa

强度等级	抗压强度	
	平均值不小于	单块最小值不小于
MU3.5	3.5	2.8
MU5	5	4
MU7.5	7.5	6
MU10	10	8
MU15	15	12
MU20	20	16

3）粉煤灰混凝土小型空心砌块密度等级应符合表 7-35 的指标。

表 7-35 粉煤灰混凝土小型空心砌块密度等级　　　　　　　　　单位：kg/m³

密度等级	砌块块体密度的范围
600	≤600
700	610～700
800	710～800
900	810～900
1000	910～1000
1200	1010～1200
1400	1210～1400

7.2 砌墙砖尺寸偏差和外观质量检测

7.2.1 试验目的

检测砖的尺寸、外观等性能指标，评定该批砖的质量是否合格，以保证砖的尺寸、外观等满足工程的要求，保证结构的可靠性、准确性和操作的一致性。

7.2.2 试验依据

《砌墙砖试验方法》（GB/T 2542—2012）、《烧结普通砖》（GB/T 5101—2017）、《烧结多孔砖和多孔砌块》（GB/T 13544—2011）、《烧结空心砖和空心砌块》（GB/T 13545—2014）。

7.2.3 试验原理

根据规范要求，在待验收的产品堆垛中抽取 50 块，作外观质量检验，然后从外观质量检验后的砖样中再随机抽取 20 块作尺寸偏差检验。试验用原材料应提前运入试验室内，使其与室内温度一致。试验室温度宜保持在 15～30℃。试验用水应是纯洁的淡水，有争议时可采用蒸馏水。

7.2.4 主要仪器设备

（1）砖用卡尺：分度值为 0.5mm，如图 7-1 所示。
（2）钢直尺：分度值不应大于 1mm。

1—垂直尺；2—支架

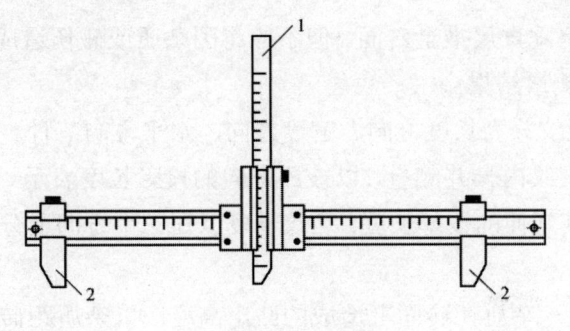

图 7-1　砖用卡尺

7.2.5　操作步骤

（1）尺寸测量。长度应在砖的两个大面的中间处分别测量两个尺寸；宽度应在砖的两个大面的中间处分别测量两个尺寸；高度应在两个条面的中间处分别测量两个尺寸，如图 7-2 所示。当被测处有缺损或凸出时，可在其旁边测量，但应选择不利的一侧，精确至 0.5mm。

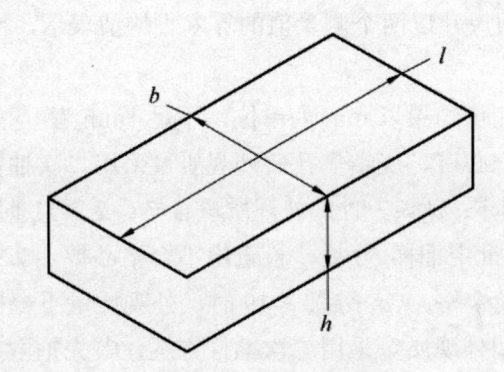

l—长度；b—宽度；h—高度

图 7-2　尺寸量法

其中，每一个尺寸测量时不足 0.5mm 的数据按 0.5mm 计。样本平均偏差是 20 块试样中同一方向 40 个测量尺寸的算术平均值减去其公称尺寸的差值；样本极差是抽检的 20 块试样中同一方向 40 个测量尺寸中最大测量值与最小测量值之间的差值。

（2）外观质量检查。

1）缺损测量方法。缺棱掉角在砖上造成的破损程度，以破损部分对长、宽、高三棱边的投影尺寸来度量，称为破坏尺寸。

缺损造成的破坏面，是指缺损部分对条、顶面（空心砖为条、大面）的投影面积。空心砖内壁残缺及肋残缺尺寸，以长度方向的投影尺寸来度量。

两个条面的高度差可以测量两个条面的高度，用测得的较大值减去较小值作为测量结果。

2）弯曲测量。弯曲分别在大面和条面上测量，测量时将砖用卡尺的两只脚沿棱边两端放置，选择其弯曲最大处将垂直尺推至砖面。但不应将因杂质或碰伤造成的凹处计算在内。以弯曲中测得的较大者作为测量结果。

3）裂纹的检验。裂纹分为长度方向、宽度方向、水平方向三种。多孔砖的孔洞与裂纹相通时，则将孔洞包括在裂纹内一并测量，以被测方向的投影长度表示。如果裂纹从一个面延伸到其他面上时，则累计其延伸的投影长度。裂纹长度以在三个方向上分别测得的最长裂纹作为测量结果。

4）杂质凸出的测量。杂质在砖面上造成的凸出高度，以杂质距砖面的最大距离表示。测量时将砖用卡尺的两个支架置于凸出两边的砖平面上，以垂直砖用卡尺测量。

5）色差检测。20块检测试样装饰面朝上随机分两排并列，在自然光下距离砖样 2m 处目测，色差应基本一致。

6）垂直度差。砖各面之间构成的夹角不等于 90°时应测量垂直度差，直角尺准确度等级为 1 级。

7.2.6　数据处理与结果分析

（1）尺寸。每一方向的尺寸以两个测量值的算术平均值表示，精确至 1mm，尺寸允许偏差应符合相应表要求。

（2）外观质量。外观测量结果以 mm 为单位，不足 1mm 者，按 1mm 计。

1）烧结普通砖、烧结空心砖、烧结多孔砖外观质量采用二次抽样方案，首先检查出不合格品数 d_1，并按下列规则判定：$d_1 \leqslant 7$ 时，外观质量合格；$d_1 \geqslant 11$ 时，外观质量不合格；$7 < d_1 < 11$ 时，需再次从该产品批中抽样 50 块，检查出不合格品数 d_2。接着，按下列规则判定：$(d_1+d_2) \leqslant 18$ 时，外观质量合格；$(d_1+d_2) \geqslant 19$ 时，外观质量不合格。

2）粉煤灰砖尺寸偏差和外观质量采用二次抽样方案，首先抽取第一样本（$n_1=50$），检查出其中不合格品数 d_1，按下列规则判定：$d_1 \leqslant 5$ 时，尺寸偏差和外观质量合格；$d_1 \geqslant 9$ 时，尺寸偏差和外观质量不合格；$5 < d_1 < 9$ 时，需再次从该产品批中抽样 50 块，检查出不合格品数 d_2。接着，按下列规则判定：$(d_1+d_2) \leqslant 12$ 时，尺寸偏差和外观质量合格；$(d_1+d_2) \geqslant 12$ 时，尺寸偏差和外观质量不合格。

7.2.7　试验记录表格

砌墙砖尺寸偏差和外观质量试验记录表见表 7-36 所示。

表 7-36　砌墙砖尺寸偏差和外观质量试验记录表

试样编号	尺寸偏差				外观质量				
	长度/mm	宽度/mm	高度/mm	两条砖高度差/mm	弯曲/mm	杂质凸出度/mm	缺棱掉角/mm	裂纹/mm	颜色
1									
2									

续表

试样编号	尺寸偏差				外观质量				
	长度/mm	宽度/mm	高度/mm	两条砖高度差/mm	弯曲/mm	杂质凸出度/mm	缺棱掉角/mm	裂纹/mm	颜色
3									
4									
5									
6									
7									
8									
9									
10									
11									
12									
13									
14									
15									
16									
17									
18									
19									
20									
质量等级评定：									

检测：　　　　　　记录：　　　　　　计算：　　　　　　校核：

7.3　砌墙砖抗压强度试验

7.3.1　试验目的

检测砖的抗压强度指标，以保证砌墙砖的抗压强度满足工程的要求，保证结构的可靠性、准确性和操作的一致性。

7.3.2　试验依据

《砌墙砖试验方法》（GB/T 2542—2012）、《烧结普通砖》（GB/T 5101—2017）、《烧结多孔砖和多孔砌块》（GB/T 13544—2011）、《烧结空心砖和空心砌块》（GB/T 13545—2014）。

7.3.3 试验原理

根据规范要求,在待验收的产品堆垛中抽取 50 块,作外观质量检验,然后从外观质量检验后的砖样中再随机抽取 20 块作尺寸偏差检验,将外观质量和尺寸偏差符合要求的砖按规定成型,以制成抗压试件,按要求养护后测其抗压破坏荷载,并计算其抗压强度。试验用原材料应提前运入试验室内,使其与室内温度一致。试验室温度宜保持在 15~30℃。试验用水应是纯洁的淡水,有争议时可采用蒸馏水。

7.3.4 主要仪器设备

(1) 钢直尺:分度值不应大于 1mm。

(2) 材料试验机:试验机的示值相对误差不大于±1%,其上、下加压板至少应有一个球铰支座,预期最大破坏荷载应在量程的 20%~80%。

(3) 振动台、制样模具、搅拌机:应符合《砌墙砖抗压强度试样制备设备通用要求》(GB/T 25044—2010)的要求。

(4) 切割设备。

(5) 抗压强度试验用净浆材料:应符合《砌墙砖抗压强度试验用净浆材料》(GB/T 25183—2010)的要求。

(6) 试样数量:10 块。

(7) 试样制备平台:试样制备平台必须平整水平,可用金属或其他材料制作。

(8) 水平尺:规格为 250~300mm。

7.3.5 操作步骤

(1) 试样制备。

1) 一次成型制样。

①一次成型制样适用于采用样品中间部位切割,交错叠加灌浆制成强度试验试样的方式。

②试样锯成两个半截砖,两个半截砖用于叠合部分的长度不得小于 100mm,如图 7-3 所示。如果不足 100mm,应另取备用试样补足。

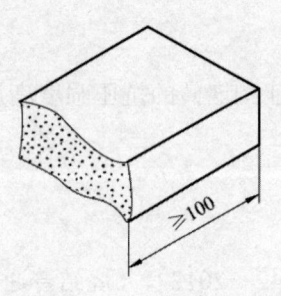

图 7-3 半截砖长度示意图(单位:mm)

③将已切割开的半截砖放入室温的净水中浸 20～30min 后取出，在铁丝网架上滴水 20～30min，以断口相反方向装入制样模具中。用插板控制两个半砖间距不应大于 5mm，砖大面与模具间距不应大于 3mm。砖断面、顶面与模具间垫以橡胶垫或其他密封材料，模具内表面涂油或脱模剂。制样模具及插板如图 7-4 所示。

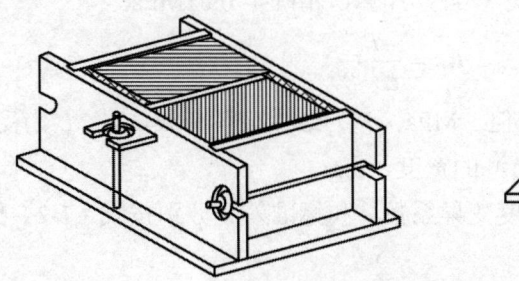

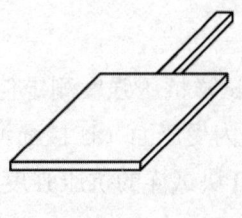

图 7-4 试样模具及插板

④将净浆材料按照配制要求，置于搅拌机中搅拌均匀。

⑤将装好试样的模具置于振动台上，加入适量搅拌均匀的净浆材料，振动时间为 0.5～1min，停止振动，静置至净浆材料达到初凝时间（15～19min）后拆模。

2）二次成型制样。

①二次成型制样适用于采用整块样品上下表面灌浆制成强度试验试样的方式。

②将整块试样放入室温的净水中浸 20～30min 后取出，在铁丝网架上滴水 20～30min。

③照净浆材料配制要求，置于搅拌机中搅拌均匀。

④模具内表面涂油或脱模剂，加入适量搅拌均匀的净浆材料，将整块试样一个承压面与净浆接触，装入制样模具中，承压面找平层厚度不应大于3mm。接通振动台电源，振动 0.5～1min，停止振动，静置至净浆材料初凝（15～19min）后拆模。按同样方法完成整块试样另一承压面的找平。

3）非成型制样。

①非成型制样适用于试样无须进行表面找平处理制样的方式。

②将试样锯成两个半截砖，两个半截砖用于叠合部分的长度不得小于 100mm。如果不足 100mm，应另取备用试样补足。

③两半截砖切断口相反叠放，叠合部分不得小于 100mm，即为抗压强度试样。

（2）试样养护。

一次成型制样、二次成型制样在不低于 10℃的不通风室内养护 4h。非成型制样不需要养护，试样在气干状态下直接进行试验。

（3）抗压强度测试步骤。

1）测量每个试样连接面或受压面的长、宽尺寸各两个，分别取其平均值，精确至 1mm。

2）将试样（有孔的面）平放在加压板的中央，垂直于受压面加荷载，加荷载时应均匀平稳，不得发生冲击或振动。当试样为粉煤灰砖、烧结空心砖时，加荷速度以 2～6kN/s 为宜，当试件为烧结普通砖时，加荷速度以（5±0.5）kN/s为宜，直至试样破坏为止，记录最大破坏荷载P。

7.3.6　数据处理与结果分析

（1）每块试样的抗压强度按式（7-1）计算，精确至0.01MPa。

$$R_P = \frac{P}{L \times B} \tag{7-1}$$

式中：R_P为单块试样抗压强度测定值，MPa；P为最大破坏荷载，N；L为受压面（连接面）的长度，mm；B为受压面（连接面）的宽度，mm。

（2）每组10块试样的抗压强度变异系数δ和标准差S分别按式（7-2）和式（7-3）计算。

$$\delta = \frac{S}{\overline{f}} \tag{7-2}$$

$$S = \sqrt{\frac{1}{9}\sum_{i=1}^{10}(f_i - \overline{f})^2} \tag{7-3}$$

式中：δ为砖强度变异系数，精确至0.01；S为10块试样的抗压强度标准差，MPa，精确至0.01；$\overline{f}$为10块试样的抗压强度平均值，MPa，精确至0.01；f_i为单块试样抗压强度测定值，MPa，精确至0.01。

（3）强度等级的评定。

1）抗压强度平均值——标准值方法评定。变异系数$\delta \leq 0.21$时，按上述章节"7.1.3 主要技术指标"中相应砖或砌块类型的强度等级表中抗压强度平均值$\overline{f}$和强度标准值f_k评定砖的强度等级；样本量n（块数）=10时的强度标准值按式（7-4）计算。

$$f_k = \overline{f} - kS \tag{7-4}$$

式中：f_k为强度标准值，MPa，精确至0.01；当试样为烧结普通砖时，k为1.8，当试样为烧结空心砖时，k为1.83；$\overline{f}$为10块试样的抗压强度平均值，MPa，精确至0.01；S为10块试样的抗压强度标准差，MPa，精确至0.1。

2）抗压强度平均值——最小值方法评定。变异系数$\delta > 0.21$时，按上述章节"7.1.3 主要技术指标"中相应表中抗压强度平均值$\overline{f}$，单块最小抗压强度f_{min}评定砖的强度等级，单块最小值精确至0.1MPa。

评定：烧结普通砖、烧结空心砖的强度等级以抗压强度的算术平均值和标准值或单块最小值表示；烧结多孔砖的强度等级以抗压强度的算术平均值和标准值表示；粉煤灰砖的强度等级以抗压强度的算术平均值和单块最小值表示。

强度等级的试验结果应符合章节"7.1.3 主要技术指标"中相应表的规定。否则，判为不合格。

7.3.7　试验记录表格

砌墙砖抗压强度试验记录表见表7-37。

表 7-37　砌墙砖抗压强度试验记录表

试样编号	长度/mm	宽度/mm	受压面积/mm²	破坏荷载/mm	单块值/mm	平均值/mm	标准差/mm	变异系数/mm	强度评定方法			
									平均值-标准值法，δ≤0.21		平均值-最小值法，δ>0.21	
									平均值/MPa	标准值/MPa	平均值/MPa	最小值/MPa
1												
2												
3												
4												
5												
6												
7												
8												
9												
10												

结论：

检测：　　　　　　记录：　　　　　　计算：　　　　　　校核：

7.4　墙用砌块尺寸偏差和外观质量检测

7.4.1　试验目的

检测砌块的尺寸、外观等性能指标，评定该批次砌块的质量是否合格，以保证砌块的尺寸、外观满足工程的要求，保证结构的可靠性、准确性和操作的一致性。

7.4.2　试验依据

《普通混凝土小型砌块》（GB/T 8239—2014）、《轻集料混凝土小型空心砌块》（GB/T 15229—2011）、《混凝土砌块和砖试验方法》（GB/T 4111—2013）、《粉煤灰混凝土小型空心砌块》（JC/T 862—2008）、《蒸压加气混凝土砌块》（GB/T 11968—2020）、《蒸压加气混凝土性能试验方法》（GB/T 11969—2020）。

7.4.3　试验原理

根据混凝土砌块试验方法的相应要求检测砌块的外观尺寸和外观质量，结合砌块的外观尺寸允许偏差和外观质量技术指标进行结果判定。

7.4.4 主要仪器设备

（1）钢直尺：规格为1000mm，分度值为1mm。
（2）角尺：规格为630mm×400mm。
（3）平尺：规格为750mm×40mm。
（4）塞尺：分度值为0.01mm。
（5）深度游标卡尺：规格为300mm，分度值为0.2mm。

7.4.5 操作步骤

（1）蒸压加气混凝土砌块尺寸偏差和外观质量试验。

1）尺寸测量。长度、高度、宽度分别在两个对应面的端部测量，各测量两个尺寸，大于规格尺寸的测量值取最大值，小于规格尺寸的测量值取最小值。

2）外观质量。

①缺棱掉角：用角尺或钢直尺测量破坏部分对砌块长、宽、高三个方向的投影尺寸，精确至1mm。

②裂纹：用角尺或钢直尺测量，裂纹长度以所在面最大的投影尺寸为准。若裂纹从一个面延伸到其另一面，则以两个面上的投影尺寸之和为准。

③平面弯曲：用平尺、角尺和塞尺测量弯曲面的最大间隙尺寸，精确至0.2mm。

④损坏深度：将平尺平放在砌块表面，用深度游标卡尺垂直于平尺，测量其最大深度，精确至1mm。

⑤表面油污、表面疏松、分层：视距0.6m目检并记录。

⑥直角度：用角尺和塞尺测量角部最大间隙尺寸，并保持砌块的两个边处于角尺的量程，精确至0.2mm。

（2）其他砌块尺寸偏差和外观质量试验。

1）尺寸测量。

①外形为完整直角六面体的块材，长度在条面的中间、宽度在顶面的中间、高度在顶面的中间测量。每项在对应两面各测一次，取平均值，精确至1mm。

②辅助砌块和异形砌块，长度、宽度和高度应测量块材相应位置的最大尺寸，精确至1mm。特殊标注部位的尺寸也应测量，精确至1mm。块材外形非完全对称时，至少应在块材对立面的两个位置上进行全面的尺寸测量，并草绘或拍下测量位置的图片。

③带孔块材的壁、肋厚应在最小部位测量，选两处各测一次，取平均值，精确至1mm。在测量时不考虑凹槽、刻痕及其他类似结构。

2）外观质量。

①弯曲：将直尺贴靠在坐浆面、铺浆面和条面，测量直尺与试件之间的最大间距，精确至1mm。

②缺棱掉角：将直尺贴靠棱边，测量缺棱掉角在长、宽、高三个方向的投影尺寸，精确至1mm。

③裂纹：用钢直尺测量裂纹在所在面上的最大投影尺寸，当裂纹由一个面延伸到另一个面时，则累计其延伸的投影尺寸，精确至1mm。

7.4.6 数据处理与结果分析

尺寸偏差以实际测量值与规定尺寸的差值表示。弯曲、缺棱掉角和裂纹等外观质量的测量结果以最大测量值表示。

7.4.7 试验记录表格

混凝土砌块尺寸偏差和外观质量检测试验记录表见表7-38。

表7-38 混凝土砌块尺寸偏差和外观质量试验记录表

试样编号	尺寸偏差			外观质量		
	长/mm	宽/mm	高/mm	弯曲/mm	缺棱掉角/mm	裂纹/mm
1						
2						
3						
4						
5						
6						
7						
8						
9						
10						
11						
12						
13						
14						
15						
16						
17						
18						
19						
20						

尺寸偏差：
外观质量：
检测结论：

检测： 记录： 计算： 校核：

7.5 墙用砌块抗压强度试验

7.5.1 试验目的

检测砌块的抗压强度指标,以保证砌块抗压强度满足工程的要求,保证结构的可靠性、准确性和操作的一致性。

7.5.2 试验依据

《普通混凝土小型砌块》(GB/T 8239—2014)、《轻集料混凝土小型空心砌块》(GB/T 15229—2011)、《混凝土砌块和砖试验方法》(GB/T 4111—2013)、《粉煤灰混凝土小型空心砌块》(JC/T 862—2008)、《蒸压加气混凝土砌块》(GB/T 11968—2020)、《蒸压加气混凝土性能试验方法》(GB/T 11969—2020)。

7.5.3 试验原理

将蒸压加气混凝土砌块按抗压强度试验要求制备成相应试样,用材料试验机进行抗压试验,以一定的速度连续均匀地加荷载,直到试件破坏,采用试件破坏时对应的破坏荷载计算试件的抗压强度。

7.5.4 主要仪器设备

(1)材料试验机:精度(示值的相对误差)不应低于±2%,其量程的选择应在能使试件的预期最大破坏荷载处在全量程的20%~80%范围内。

(2)托盘天平或磅秤:称量为2000g,感量为1g。

(3)电热鼓风干燥箱:最高温度为200℃。

(4)钢板直尺:规格为300mm,分度值为1mm。

(5)游标卡尺或数显卡尺:规格为300mm,分度值为0.1mm。

7.5.5 操作步骤

(1)试样制备。

1)试件的制备采用机锯,锯切时不得将试件弄湿。

2)试件应沿制品发气方向中心部分上、中、下顺序锯取一组。"上"块上表面距离制品顶面30mm,"中"块在制品正中处,"下"块下表面离制品底面30mm。以长度600mm,宽度250mm的制品为例,试件锯取部位如图7-5所示。当一组试件不能在同一块试样中锯取时,可以在同一模的相邻部位采样锯取。

3)试件表面必须平整,不得有裂缝或明显缺陷,尺寸允许偏差为±1mm,试件平整度不大于 0.5mm，垂直度应不大于 0.5mm。试件应逐块编号，从同一块试样中锯切出的试件为同一组试件，以"Ⅰ、Ⅱ、Ⅲ、..."表示组号；当同一组试件有上、中、下位置要求时，以下标"上、中、下"注明试件锯取的位置；当同一组试件没有位置要求，则以下标"1、2、3、..."注明，以区别不同试件；平行试件以"Ⅰ、Ⅱ、Ⅲ、..."加注上标"+"以示区别。试件以"↑"标明发气方向。

4）试件承压面的平整度应小于 0.1mm，相邻面的垂直度应小于 1mm。

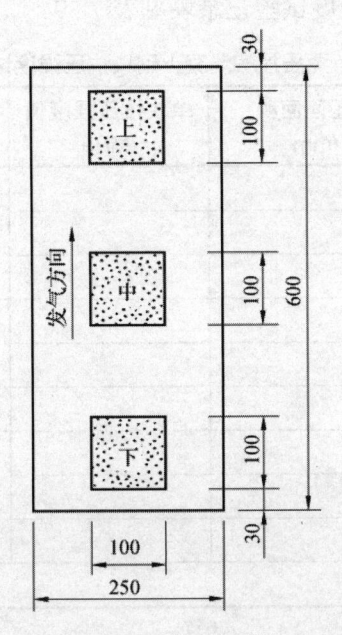

图 7-5　试件锯取示意图（单位：mm）

5）试样数量：100mm×100mm×100mm 立方体试件 1 组，平行试件 1 组。

6）试件在含水率 8%～12% 下进行试验。如果含水率超过上述规定范围，则在（60±5）℃下烘至所要求的含水率，并应在室内放置 6h 以后进行抗压强度试验。

（2）抗压强度测试步骤。

1）检查试件外观。

2）测量试件的尺寸，精确至 0.1mm，并计算试件的受压面积 A_1。

3）将试件放在材料试验机的下压板的中心位置，试件的受压方法应垂直于制品的发气方向。

4）开动试验机，当上压板与试件接近时，调整球座，使接触均衡。

5）以（2±0.5）kN/s 的速度连续而均匀地加荷载，直至试件破坏，记录破坏荷载 p_1。

6）将试验后的试件全部或部分立即称取质量，然后在（105±5）℃下烘至恒质，计算其含水率。

7.5.6　数据处理与结果分析

抗压强度按式（7-5）计算。

$$f_{cc}=\frac{p_1}{A_1} \tag{7-5}$$

式中：f_{cc} 为试件的抗压强度，MPa；p_1 为破坏荷载，N；A_1 为试件受压面积，mm²。

结果按 1 组试件试验值的算术平均值进行评定，精确至 0.1MPa。

7.5.7 试验记录表格

蒸压加气混凝土砌块抗压强度试验记录表见表 7-39。

表 7-39　蒸压加气混凝土砌块抗压强度试验记录表

试样编号	破坏荷载/kN	受压面面积/mm	单块抗压强度值/MPa	抗压强度平均值/MPa	抗压强度最小值/MPa
1					
2					
3					
4					
5					
6					
7					
8					
9					

检测结论：

检测：　　　　　记录：　　　　　计算：　　　　　校核：

第8章　沥青和沥青混合料试验检测实训

8.1　概　　述

8.1.1　沥青的定义与分类

沥青是由不同分子量的碳氢化合物及其非金属衍生物组成的黑褐色复杂混合物，是高黏度有机液体的一种，呈液态，表面呈黑色，可溶于二硫化碳。沥青是憎水性材料，结构致密，几乎不溶于水、不吸水，具有良好的防水性，因此广泛用于土木工程的防水、防潮和防渗。沥青属于有机胶凝材料，与砂、石等矿质混合料具有非常好的黏结能力，所制得的沥青混凝土是现代道路工程最重要的路面材料。

沥青按其在自然界中获得的方式，可分为地沥青和焦油沥青两大类。地沥青包括天然沥青和石油沥青；焦油沥青包括煤沥青、木沥青和页岩沥青。工程中使用最多的是煤沥青和石油沥青，石油沥青的防水性能好于煤沥青，但是煤沥青的防腐和黏结性能比石油沥青好。

（1）沥青按用途分为道路石油沥青、建筑工程石油沥青、防水防潮石油沥青。

（2）沥青按原油中所含石蜡数量分为石蜡基沥青、沥青基沥青、混合基沥青。

（3）沥青按加工方法分为直馏沥青、溶剂脱沥青、氧化沥青、裂化沥青。

（4）沥青按常温下稠度分为固体沥青、黏稠沥青、液体沥青。

8.1.2　取样方法及存放

（1）取样方法。

1）从储油罐中取样。无搅拌设备时，用取样器按液面上、中、下位置各取规定数量样品，也可在流出口按不同流出深度分3次取样，将取出的3个样品充分混合后取规定量作为试样；有搅拌设备时，经充分搅拌后用取样器从中部取样。

2）从槽车、罐车、沥青洒布车中取样。旋开取样阀，使沥青流出至少4kg或4L后再取样；仅有放料阀时，待放出全部沥青的一半时再取样；从顶盖处取样时，用取样器从中部取样。

3）在装料或卸料过程中取样。按时间间隔均匀地取样3次，经充分混合后取规定数量作为试样。

4）从沥青储存池中取样。在沥青加热端按时间间隔取3个样品，经充分混合后取规定数量作为试样。

5）从沥青桶中取。可加热后按罐车的取样方法取样；当不便加热时，也可在桶高的中部将桶凿开取样。

6）固体沥青取样。应在表面以下及容器侧面以内至少 5cm 处采取，或打碎后取中间部分试样。

（2）组批原则及取样数量。

1）组批原则。按同一生产厂家、同一品种、同一标号、同一批号连续进场的沥青（石油沥青每 100t 为一批，改性沥青每 50t 为一批）每批次抽检一次。

2）取样数量。黏稠或固定沥青不少于 1.5kg；液体沥青不少于 1L；沥青乳液不少于 4L。

（3）样品的保护与存放。

1）除液体沥青、乳化沥青外，所有需加热的沥青试样必须存放在密封带盖的金属容器中，严禁灌入纸袋、塑料袋中存放。试样应存放在阴凉干净处，注意防止试样污染。装有试样的盛样器加盖、密封好并擦拭干净后，应在盛样器上（不得在盖上）标出识别标记，如试样来源、品种、取样日期、地点及取样人。

2）冬季乳化沥青试样应注意采取妥善的防冻措施。

3）除试样的一部分用于检验外，其余试样应妥善保存备用。

4）试样需加热取样时，应一次取够一批试样所需的数量装入另一盛样器中，其余试样密封保存。应尽量减少重复加热取样。

8.1.3 石油沥青主要技术指标

（1）黏滞性。石油沥青的黏滞性又称黏性或黏度，它是反映沥青材料内部阻碍其相对流动的一种特性，是沥青材料软硬、稀稠程度的反映。对黏稠（半固体或固体）的石油沥青用针入度表示，对液体石油沥青则用黏滞度表示。黏滞度和针入度是划分沥青牌号的主要指标。黏滞度是液体沥青在一定温度下经规定直径的孔，漏下 50mL 所需的秒数。黏滞度常以符号 C 表示，黏滞度大时，表示沥青的黏性大。针入度是指在温度为 25℃的条件下，以 100g 的标准针，经 5s 沉入沥青中的深度，以 0.1mm 计。针入度越大，流动性越大，黏度越小。

（2）塑性。塑性指石油沥青在外力作用下产生变形而不被破坏，除去外力后，仍能保持变形后的形状的性质。沥青之所以能配制成性能良好的柔性防水材料，很大程度上取决于沥青的塑性。沥青的塑性对冲击振动荷载有一定的吸收能力，并能减少摩擦时的噪声，故沥青是一种优良的道路路面材料。

石油沥青的塑性用延度表示。延度的测定方法是将标注延度"8"字试件，在一定温度（25℃）和一定拉伸速度（50mm/min）下，将试件拉断时延伸的长度，单位为 cm。延度越大，塑性越好。

（3）温度敏感性。温度敏感性是指石油沥青的黏滞性和塑性随温度升降而变化的性能。温度敏感性用"软化点"来表示，即沥青材料由固态变为具有一定流动性的膏状体时的温度。通常用"环球法"测定软化点。沥青的软化点大致在 50~100℃之间。软化点越高，沥青的耐热性越好，但软化点过高，不易加工和施工；软化点低的沥青，夏季高温时易产生流淌而变形。

上述 3 大指标是评定沥青质量的主要指标。此外，还有闪点、燃点和溶解度等，都对沥青的使用有影响，如闪点和燃点直接影响沥青熬制温度的确定。闪点是指沥青加热至开始挥发出的可燃气体浴火时着火的最低温度；燃点是指若继续加热，一经引火，燃烧将继续维持下去的最低温度。施工熬制沥青的温度不得超过其闪点。

8.2 沥青试样准备方法

8.2.1 试验目的

通过规范的试样制备方法，为沥青的各项试验做准备，以确保试验结果的代表性和准确性。该试验适用于黏稠道路石油沥青、煤沥青等需要加热后才能进行试验的沥青样品，按此法准备的沥青供立即在试验室进行的各项试验使用。

8.2.2 试验依据

《公路工程沥青及沥青混合料试验规程》（JTG E20—2011）。

8.2.3 主要仪器设备

（1）烘箱：200℃，有温度调节装置。

（2）加热炉具：电炉或其他燃气炉。

（3）石棉垫：不小于炉具加热面积。

（4）滤筛：筛孔孔径为 0.6mm。

（5）乳化剂。

（6）烧杯：容量为 1000mL。

（7）温度计：0～100℃及 200℃，分度为 0.1℃。

（8）天平：称量为 2000g，感量不大于 1g；称量为 100g，感量不大于 0.1g。

（9）沥青盛样器皿。

（10）其他：玻璃棒、溶剂、洗油、棉纱等。

8.2.4 操作步骤

（1）将装有试样的盛样器带盖放入恒温水箱中，当石油沥青试样中含有水分时，将烘箱温度调整在 80℃左右，加热至沥青全部融化后供脱水使用。当石油沥青试样中无水分时，烘箱温度调整在软化点温度以上 90℃左右，通常为 135℃左右。对取来的沥青试样不得直接采用电炉或煤气炉明火加热。

（2）当石油沥青试样中含有水分时，将盛样器皿放在可控温的砂浴、油浴、电热套上加热脱水，不得已采用电炉、煤气炉加热脱水时必须加放石棉垫。加热时间不超过 30min，并用玻璃板轻轻搅拌，防止局部过热。在沥青温度不超过 100℃的条件下，仔细脱水至无泡沫为止，最后的加热温度不超过软化点温度以上 100℃（石油沥青）或 50℃（煤沥青）。

（3）将盛样器皿中的沥青通过 0.6mm 的滤筛过滤，不等冷却立即一次灌入各项试样的模具中。根据需要也可将试样分装入擦拭干净并干燥的一个或数个沥青盛样器皿中，数量应满足一批试验项目所需的沥青样品并有富余。

（4）在沥青灌模过程中如果温度下降可放入烘箱中适当加热，试样冷却后反复加热的次数不得超过两次，以防止沥青老化影响试验结果。注意在沥青灌模时不得反复搅动沥青，应避免混进气泡。

（5）灌模剩余的沥青应立即清洗干净，不得重复使用。

8.3 沥青针入度试验

8.3.1 试验目的

通过对沥青针入度的测量，确定沥青的黏度和流动性能，从而评估沥青的质量。这一试验是沥青的主要质量指标之一，反映了沥青在一定条件下的相对黏度，表示沥青的软硬程度和稠度，以及抵抗剪切破坏的能力。沥青针入度试验的结果不仅可以用于评估沥青的质量，还可以用于划分沥青的牌号，为沥青的工程应用提供技术保证。通过针入度的测定还可以用来描述沥青的温度敏感性——针入度指数。针入度指数可在 15℃、25℃、30℃等多个温度条件下测定。若 30℃时的针入度值过大，可采用 5℃代替。当量软化点 T_{800} 是相当于沥青针入度为 800mm 时的温度，用于评价沥青的高温稳定性。当量脆点 $T_{1.2}$ 是相当于沥青针入度为 1.2 时的温度，用于评价沥青的低温抗裂性能。

本方法适用于测定道路石油沥青、改性沥青针入度以及液体石油沥青蒸馏或乳化沥青蒸发后残留物的针入度。

8.3.2 试验依据

《沥青针入度测定法》（GB/T 4509—2010）。

8.3.3 试验原理

针入度测定是基于沥青材料在特定条件下的流变性能测试。试验通过在特定温度下，使用一根标准大小的沥青针（通常为圆锥体形状），在规定的荷重和时间内，垂直穿入沥青试样中，以测量针入试样的深度，即针入度。具体而言，沥青针入度是在规定温度（25℃）和规定时间（5s）内，附加一定质量的标准针（100g）垂直贯入沥青式样中的深度，单位为 mm。针入度值越小，表示沥青的流体性能越好，黏度较小；相反，针入度值越大，表示沥青的流体性能越差，黏度较大。通过对针入度的测定掌握不同沥青的黏稠度以及进行沥青标号的划分。

8.3.4 主要仪器设备

（1）针入度仪：凡能保证针和针连杆在无明显摩擦下进行垂直运动，并能指示针贯入深度准确至 0.1mm 的仪器均可使用，如图 8-1 所示。

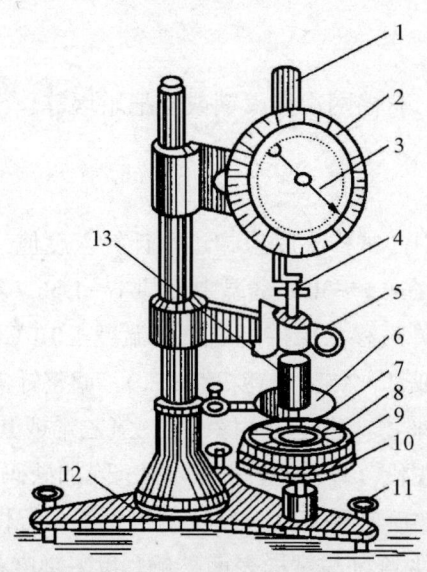

1—拉杆；2—刻度盘；3—指针；4—针连杆；5—按钮；6—小镜；7—标准针；
8—试样；9—保温皿；10—圆形平台；11—调平螺钉；12—底座；13—砝码

图 8-1 针入度仪的构造

针和针连杆组合件总质量为（50±0.05）g，另附（50±0.05）g 砝码一只，试验时总质量为（100±0.05）g。当采用其他试验条件时，应在试验结果中注明。仪器设有放置平底玻璃保温皿的平台，并有调节水平的装置，针连杆应与平台相垂直。仪器设有针连杆制动按钮，使针连杆可自由下落。针连杆易于装拆，以便于检查其质量。仪器还设有可以自由转动与调节距离的悬臂，其端部有一面小镜或聚光灯泡，借以观察针尖与试样表面接触情况。当使用自动针入度仪时，各项要求与此项相同，温度采用温度传感器测定，针入度值采用位移计测定，并能自动显示或记录，且应对自动装置的准确性经常校验。为提高测试精密度，不同温度的针入度试验宜采用自动针入度仪来进行。

（2）标准针：由硬化回火的不锈钢制成，洛氏硬度为 HRC54~60，表面粗糙度为 Ra0.2~0.3μm，针及针杆总质量为（2.5±0.5）g，针杆上打印有号码标志，应对针妥善保管，防止碰撞针尖，使用过程中应当经常检验，并附有计量部门的检验单，且需定期进行检验。

（3）盛样皿：金属制的圆柱形平底容器。小盛样皿的内径为 55mm，深 35mm（适用于针入度小于 200）；大盛样皿内径为 70mm，深 45mm（适用于针入度为 200~350mm）；对针入度大于 350 的试样需使用特殊盛样皿，其深度不小于 60mm，试样体积不少于 125mL。

（4）恒温水槽：容量不少于10L，控温精度为±0.1℃。水中应设有一带孔的搁板（台），位于水面下不少于100mm，距水槽底不得少于50mm处。

（5）平底玻璃皿：容量不少于1L，深度不少于800mm。内设有一个不锈钢三角支架，能使盛样皿稳定。

（6）温度计：0～50℃，分度为0.1℃。

（7）秒表：分度为0.1s。

（8）溶剂：三氯乙烯等。

（9）其他：电炉或砂浴、石棉网、金属锅或瓷把坩埚等。

8.3.5　操作步骤

（1）将试样注入盛样皿中，试样高度应超过预计针入度值10mm，并盖上盛样皿，以防落入灰尘。盛有试样的盛样皿在15～30℃室温中冷却1～1.5h（小盛样皿）、1.5～2h（大盛样皿）或2～2.5h（特殊盛样皿）后移入保持规定试验温度±0.1℃的恒温水槽中1～1.5h（小盛样皿）、1.5～2h（大试样皿）或2～2.5h（特殊盛样皿）。调整针入度仪使之水平。检查针连杆和导轨，以确认无水和其他外来物，无明显摩擦。用三氯乙烯或其他溶剂清洗标准针，并拭干。将标准针插入针连杆，用螺丝固紧。按试验条件，加上附加砝码。

（2）将盛有试样的平底玻璃皿置于针入度仪的平台上，慢慢放下针连杆，用适当位置的反光镜或灯光反射观察，使针尖恰好与试样表面接触。拉下刻度盘的拉杆，使与针连杆顶端轻轻接触，调节刻度盘或深度指示器的指针指示为0。

（3）按下按钮，计时与标准针落下贯入试样同时开始，至5s时自动停止。

（4）拉下刻度盘拉杆与针连杆顶端接触，读取刻度盘指针或位移指示器的读数，准确至0.1mm。

（5）同一试样平行试验至少三次，各测试点之间及与盛样皿边缘的距离不应少于10mm。每次试验后应将盛有盛样皿的平底玻璃皿放入恒温水槽，使平底玻璃皿中的水温保持试验温度。每次试验应换一根干净标准针或将标准针取下用蘸有三氯乙烯溶剂的棉花或布揩净，再用干棉花或布擦干。

（6）测定针入度大于200的沥青试样时，至少用三支标准针，每次试验后将针留在试样中，直至三次平行试验完成后，才能将标准针取出。

（7）测定针入度指数 *PI* 时，按同样的方法分别在15℃、25℃、30℃三个温度条件下分别测定沥青的针入度。

8.3.6　数据处理与结果分析

（1）针入度试验的三项关键性条件分别是温度、测试时间和针的质量，如果这三项试验条件控制不准，将严重影响试验结果的准确性。三项条件最常见的状态：温度25℃、针的质量100g、测试时间5s，所以针入度常用 $P_{25℃,\ 100g,\ 5s}$ 表示。

（2）同一试样的三次平行试样结果的最大值与最小值之差，在下列允许偏差范围内时，计算三次试验结果的平均值，并取整数作为针入度，试验结果以 mm 为单位。三次平行试验结果的最大值与最小值应在规定的允许值差值范围内，若试验结果超出表 8-1 所规定的范围时应重新进行试验。

表 8-1 允许差值表

针入度/mm	0～49	50～149	150～249	250～500
允许差值/mm	2	4	12	20

（3）沥青针入度指数（PI）、当量软化点（T_{800}）和当量脆点（$T_{1.2}$）的计算：

1）由三个以上的温度针入度按一元一次方程直线回归法，按式（8-1）求取针入度温度指数 $A_{\lg Pen}$。

$$\lg P = A_{\lg Pen} \times T + K \tag{8-1}$$

式中：$A_{\lg pen}$ 为针入度对温度的感应系数，由式（8-1）回归得到的斜率；$\lg P$ 为不同温度条件下测得的针入度值的对数；T 为试验温度，℃；K 为由式（8-1）回归得到的截距。

按式（8-2），由回归求得的 $A_{\lg Pen}$ 计算针入度指数 PI，并记为 $PI_{\lg Pen}$。

$$PI_{\lg Pen} = \frac{20 - 500 A_{\lg Pen}}{1 + 50 A_{\lg Pen}} \tag{8-2}$$

2）沥青的当量软化点 T_{800} 按式（8-3）计算。

$$T_{800} = \frac{\lg 800 - K}{A_{\lg Pen}} = \frac{2.9031 - K}{A_{\lg Pen}} \tag{8-3}$$

3）沥青的当量脆点 $T_{1.2}$ 按式（8-4）计算。

$$T_{1.2} = \frac{\lg 1.2 - K}{A_{\lg Pen}} = \frac{0.0792 - K}{A_{\lg Pen}} \tag{8-4}$$

8.3.7 试验记录表格

沥青针入度试验记录表见表 8-2。

表 8-2 沥青针入度试验记录表

试验次数	试验温度/℃	试针荷重/g	贯入时间/s	刻度盘读数 初读数	刻度盘读数 终读数	针入度值/mm 测定值	针入度值/mm 平均值
1							
2							
3							

检测：　　　　　记录：　　　　　计算：　　　　　校核：

8.4 沥青软化点试验（环球法）

8.4.1 试验目的

沥青软化点测试主要是为了评估沥青材料在高温下的稳定性和性能。通过该试验，可以测定沥青在特定条件下开始软化的温度点，即软化点。这一指标直接反映了沥青材料的热稳定性和黏度特性，是评价沥青材料质量的重要指标之一。此外，沥青软化点试验的结果对于道路建设和维护具有重要意义。在道路建设中，沥青材料需要经受高温、重载和复杂环境等多重考验，因此其稳定性和性能至关重要。软化点的高低直接决定了沥青材料在高温下的稳定性和抗变形能力，进而影响道路的使用寿命和安全性。此外，沥青软化点试验的结果还可以为道路设计和选材提供参考依据。根据试验结果，可以合理选择沥青材料和确定沥青混合料的配合比，从而确保道路建设的质量和安全。因此，沥青软化点试验（环球法）是道路建设和维护中不可或缺的一项试验。

环球法适用于测定道路石油沥青、煤沥青的软化点，也适用于测定液体石油沥青经蒸馏或乳化沥青破乳蒸发后残留物的软化点。

8.4.2 试验依据

《沥青软化点测定法 环球法》（GB/T 4507—2014）。

8.4.3 试验原理

沥青材料是一种非晶质高分子材料，它由液态凝结为固态，或由固态熔化为液态，没有敏锐的固化点和液化点，通常采用规定试验条件下的硬化点和滴落点来表示。沥青材料在硬化点至滴落点之间的温度阶段时，是一种滞流状态。在工程使用中为保证沥青不致由于温度升高而产生流动的状态，因此取液化点与固化点之间温度间隔的 87.21%作为软化点。软化点的数值随采用的仪器不同而异，我国现行规范试验采用环球软化点法。

"环球法"软化点是将沥青试样浇注在规定尺寸的金属环内，上置规定尺寸和质量的钢球，试样在溶液中以（5±0.5）℃/min 的速度加热，当试样受热后，逐渐软化至钢球使试样下垂达规定距离（25.4mm）时的温度作为软化点，以℃表示。

8.4.4 主要仪器设备

（1）软化点试验仪。

1）钢球：表面光滑直径为 9.53mm，质量（3.5±0.5）g。
2）试样环：黄铜或不锈钢等制成。
3）钢球定位环：黄铜或不锈钢等制成。

4）金属支架：由两个主杆和三层平等的金属板组成。上层为一个圆盘，直径略大于烧杯直径，中间有一个圆孔，可以插放温度计。中层板上有两个孔，放置金属环，中间有一小孔可支持温度计的测温端部，一侧立杆距环上面 51mm 处刻有水高标记。环下面距下层底板净距为 25.4mm，而下底板距烧杯底不小于 12.7mm，也不大于 19mm。三层金属板和两个主杆由螺母固定在一起。

5）耐热玻璃烧环；

6）温度计：0～80℃。

（2）环夹。

（3）装有温度调节器的电炉或其他加热炉具（液化石油气、天然气等）。应采用带有振荡搅拌器的加热电炉，振荡器置于烧杯底部。

（4）试样底板：金属板或玻璃板。

（5）恒温水槽：控温的准确度为 0.5℃。

（6）平直刮刀。

（7）甘油滑石粉隔离剂（甘油与滑石粉的比例为质量比 2:1）。

（8）新煮沸过的蒸馏水。

（9）其他：石棉网。

8.4.5　操作步骤

（1）试验准备。

1）将试样环置于涂有甘油滑石粉隔离剂的试样底板上。按规定方法将准备好的沥青试样缓缓注入试样环内至略高出环面为止。

2）试样在室温冷却 30min 后，用环夹夹着试样杯，并用热刮刀刮除环面上的试样，务必使沥青试样与环面齐平。

（2）软化点在 80℃以下的测试试验。

1）将装有试样的试样环连同试样底板置于（5±0.5）℃水的恒温水槽中至少 15min；同时将金属支架、钢球、钢球定位环等亦置于相同水槽中。

2）烧杯内注入新煮沸并冷却至 5℃的蒸馏水，水面略低于立杆上的深度标记。

3）从恒温水槽中取出盛有试样的试样环放置在支架中层板的圆孔中，套上定位环；然后将整个环架放入烧杯中，调整水面至深度标记，并保持水温为（5±0.5）℃。环架上任何部分不得附有气泡。将 0～80℃的温度计由上层板中心孔垂直插入，使端部测温头底部与试样环下面齐平。需要注意的是，环架放入烧杯后，烧杯中的蒸馏水或甘油应加入至环架深度标记处，环架上任何部分均不得有气泡。加热 3min 内调节到使液体维持每分钟上升（5±0.5）℃，在整个测定过程中如果温度上升速度超出此范围应重新试验。

4）将盛有水和环架的烧杯移至放有石棉网的加热炉具上，然后将钢球放在定位环中间的试样中央，立即开动振荡搅拌器，使水微微振荡，并开始加热，使杯中水温在 3min 内调节至维持每分钟上升（5±0.5）℃。在加热过程中，应记录每分钟上升的温度值，如温度上升速度超出此范围时，则试验应重做。

5）试样受热软化逐渐下坠，至与下层底板表面接触时，立即读取温度，准确至0.5℃。

（3）软化点在80℃以下的测试试验。

1）将装有试样的试样环连同试样底板置于装有（32±1）℃甘油的恒温槽中至少15min；同时将金属支架、钢球、钢球定位环等亦置于甘油中。

2）在烧杯内注入预先加热至32℃的甘油，其液面略低于立杆上的深度标记。

3）从恒温槽中取出装有试样的试样环，按上述（1）的方法进行测定，准确至1℃。

8.4.6 数据处理与结果分析

（1）同一试样平行试验两次，当两次测定值的差值符合重复性试验精密度要求时，取其平均值作为软化点试验结果，准确至0.5℃。估计软化点在80℃以下时，实验采用新煮沸并冷却至5℃的蒸馏水作为起始温度测定软化点；当估计软化点在80℃以上时，实验采用（32±1）℃的甘油作为起始温度测定软化点。

（2）允许差。当软化点小于80℃，重复性试验的允许差为1℃，复现性试验的允许差为4℃。当软化点等于或大于80℃，重复性试验的允许差为2℃，复现性试验的允许差为8℃。

8.4.7 试验记录表格

沥青软化点试验记录表（环球法）见表8-3。

表8-3 沥青软化点试验记录表（环球法）

起始温度	第一分钟	第二分钟	第三分钟	第四分钟	第五分钟	第六分钟	第七分钟	第八分钟	测定值/℃	平均值/℃

检测：　　　　　记录：　　　　　计算：　　　　　校核：

8.5 沥青延度试验

8.5.1 试验目的

通过延度试验测定沥青能够承受的塑性变形总能力。延度是沥青塑性的指标，是沥青成为柔性防水材料的重要性能之一，也为确定沥青的牌号提供依据。

本试验方法适用于测定道路石油沥青、液体沥青蒸馏残留物和乳化沥青蒸发残留物等材料的延度。

8.5.2 试验依据

《沥青延度测定法》(GB/T 4508—2010)。

8.5.3 试验原理

沥青延度是规定形状的试样在规定温度(25℃)条件下以规定拉伸速度(5cm/min)拉至断开时的长度,单位以 cm 表示。沥青延度试验是基于沥青材料在特定温度和拉伸条件下的塑性变形特性。该试验通过模拟沥青在路面使用过程中可能遭遇的拉伸应力,来评估其塑性变形能力和抗裂性能。

在试验中,首先需要将沥青加热至适宜的温度,并制成符合要求的试件。接着,将试件放置在两个相距固定距离的夹具上,夹具被设计用于施加恒定的拉伸应力。然后,启动试验设备,使夹具以恒定的速度分离,从而对试件施加拉伸应力。随着拉伸应力的增加,试件开始发生塑性变形,其延伸长度逐渐增加。试验过程中,需要记录试件的延伸长度随时间的变化关系,并观察试件在拉伸过程中的变形情况。当试件在拉伸过程中达到其极限强度时,会发生断裂。此时,记录下的延伸长度即为沥青的延度值。延度值越大,表明沥青在拉伸过程中能够发生更大的塑性变形而不易断裂,因此具有更好的抗裂性能。

8.5.4 主要仪器设备

(1)延度仪:试验专用水槽型设备,能将试件浸没于水中,能保持规定的试验温度及按照规定拉伸速度进行拉伸试验,如图 8-2 所示。

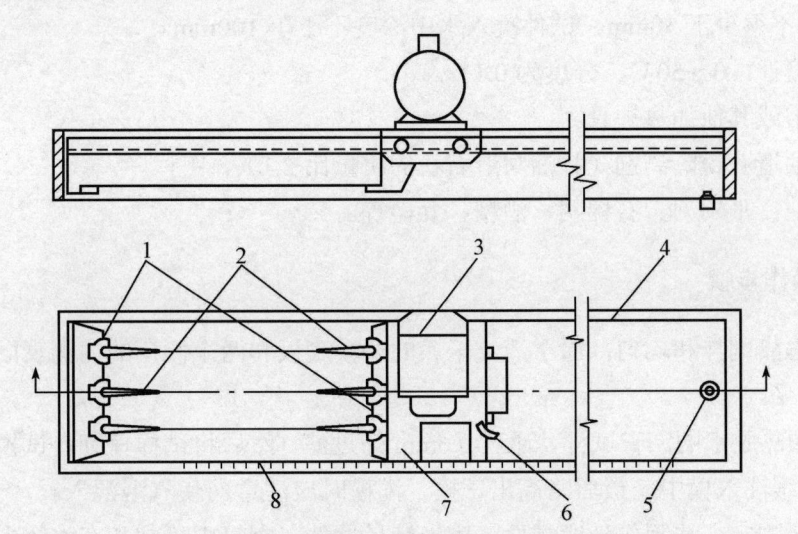

1—试模;2—试样;3—电机;4—水槽;5—泄水孔;6—开关柄;7—指针;8—标尺

(a)延度仪的构造

图 8-2(一) 延度仪

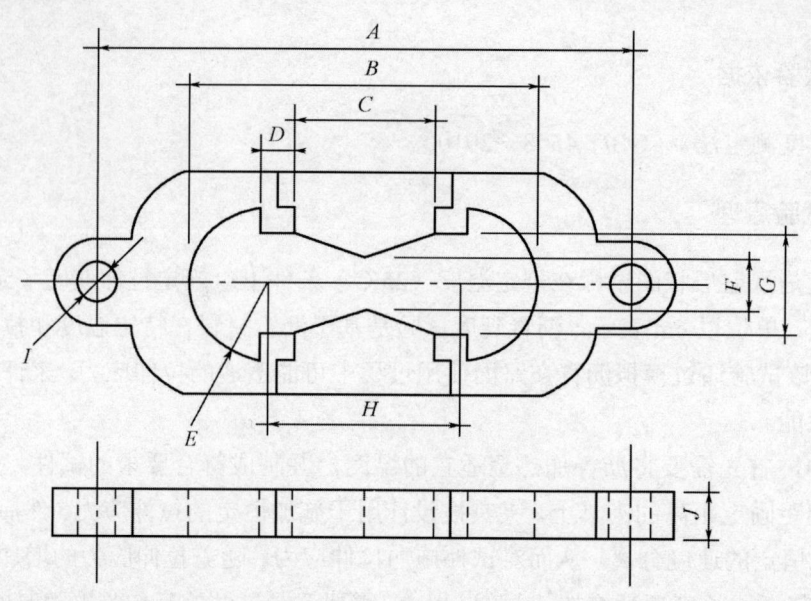

A—两端模环中心点距离 111.5～113.5mm；B—试件总长 74.5～75.5mm；C—端模间距 29.7～30.3mm；D—肩长 6.8～7.2mm；E—半径 15.75～16.25mm；F—最小横断面宽 9.9～10.1mm；G—端模口宽 19.8～20.2mm；H—两半圆心间距离 42.9～43.1mm；I—端模孔直径 6.5～6.7mm；J—厚度 9.9～10.1mm

(b) 延度仪试模

图 8-2（二） 延度仪

（2）试模：黄铜制，由两个端模和两个侧模组成，其中两个侧模在试验时可以卸掉。

（3）试模底板：玻璃板或磨光的铜板、不锈钢板（表面粗糙度 RA00.2μm）。

（4）恒温水槽：容量不少于 10L，控制温度的准确度为 0.1℃，水槽中应设有带孔搁架，搁架距水槽底不得少于 50mm。试件浸入水中深度不小于 100mm。

（5）温度计：0～50℃，分度为 0.1℃。

（6）砂浴或其他加热炉具。

（7）甘油滑石粉隔离剂（甘油与滑石粉的质量比 2:1）。

（8）其他：平刮刀、石棉网、酒精、食盐等。

8.5.5 操作步骤

（1）将隔离剂拌和均匀，涂于清洁干燥的试模底板和两个侧模的内侧表面，并将试模在试模底板上装妥。

（2）将加热脱水的沥青试样，通过 0.6mm 筛过滤，然后将试样仔细自试模的一端至另一端往返数次缓缓注入模中，最后略高出试模，灌模时应注意勿使气泡混入。

（3）按照规定方法制作延度试件，应当满足试件在空气中冷却和在水浴中保温的时间。试件在室温中冷却 30～40min，然后置于规定试验温度±0.1℃的恒温水槽中，保持 30min 后取出，用热刮刀刮除高出试模的沥青，使沥青面与试模面齐平。沥青的刮法应自试模的中间刮向两端，且表面应刮得平滑。将试模连同底板再浸入规定试验温度的水槽中 1～1.5h。

（4）检查延度仪延伸速度是否符合规定要求，然后移动滑板使其指针正对标尺的零点，将延度仪注水，并保温达试验温度±0.5℃。沥青延度的试验温度与拉伸速率可根据要求采用，通常采用的试验温度有25℃、15℃、10℃或5℃等。通常重交通道路石油沥青延度试验时的温度为15℃，而中、轻交通道路石油沥青延度试验时的温度为25℃。拉伸速度一般为（5±0.25）cm/min，当低温采用（1±0.05）cm/min，应在报告中注明。

（5）将保温后的试件连同底板移入延度仪的水槽中，然后将盛有试样的试模自玻璃板或不锈钢板上取下，将试模两端的孔分别套在滑板及槽端固定板的金属柱上，并取下侧模。水面距试件表面应不小于25mm。

（6）开动延度仪，并注意观察试样的延伸情况。此时应注意，在试验过程中，水温应始终保持在试验温度规定范围内，且仪器不得有振动，水面不得有晃动。当水槽采用循环水时应暂时中断循环，停止水流。在试验中，如果发现沥青细丝浮于水面或沉入槽底时，则应在水中加入酒精或食盐，调整水的密度至与试样相近后，重新试验。

（7）试件拉断时，读取指针所指标尺上的读数，单位以cm表示，在正常情况下，试件延伸时应为锥尖状，拉断时实际断面接近于零。如果不能得到这种结果，则应在报告中注明。

8.5.6　数据处理与结果分析

（1）同一试样，每次平行试验不少于三个，如果三个测定结果均大于100cm，试验结果记作">100cm"，特殊需要也可分别记录实测值。如果三个测定结果中，有一个以上的测定值小于100cm时，若最大值或最小值与平均值之差满足重复性试验精密度要求，则取三个测定结果的平均值的整数作为延度试验结果；若平均值大于100cm，记作">100cm"。若最大值或最小值与平均值之差不符合重复性试验精密度要求时，试验应重新进行。

（2）当试验结果小于100cm时，重复性试验精度的允许差为平均值的20%；复现性试验的允许差为平均值的30%。

8.5.7　试验记录表格

沥青延度试验记录表见表8-4。

表8-4　沥青延度试验记录表

编号	试验温度/℃	试验速度/(cm/min)	延度/cm 试件1	试件2	试件3	平均值
1						
2						
3						
校核						

检测：　　　　　记录：　　　　　计算：　　　　　校核：

8.6 沥青含蜡量试验

8.6.1 试验目的

蜡的存在对石油沥青的路用性质造成极为不利的影响，确切掌握沥青中蜡的含量对了解沥青的品质非常重要。石油沥青中的蜡含量测定是个比较复杂的问题，目前我国要求的试验方法是以蒸馏法馏出油分后，在规定的溶剂及低温下结晶析出的蜡含量，以质量百分比表示。

沥青含蜡量试验是沥青生产和质量控制过程中不可或缺的一环。蜡含量是一个非常重要的指标，它对我国采用石蜡原油炼制的沥青尤为重要：直接影响到沥青产品的质量，所以我国在高等级道路用石油沥青技术要求中，已列入蜡含量为检测指标。这一指标对于评估沥青的性能和质量具有重要意义，因为它能够直接影响沥青混合料的稳定性、黏附性、抗滑性等关键性能。

8.6.2 试验依据

《公路工程沥青及沥青混合料试验规程》（JTG E20—2011）。

8.6.3 试验原理

沥青含蜡量试验规定了用裂解蒸馏法在规定条件下，测定道路石油沥青中的蜡含量，以质量百分率表示。该试验主要是基于沥青中蜡成分在特定溶剂和低温条件下的结晶析出的特性。

在试验中，首先通过蒸馏法将沥青中的油分分离出来，然后利用特定的溶剂（如三苯基氯甲烷或乙醚-乙醇混合液）来溶解沥青中的蜡成分。这些溶剂能够选择性地溶解蜡，而对沥青的其他主要成分则不具有溶解性。接着，在低温条件下，沥青中的蜡成分会逐渐结晶析出。这一过程中，可以通过控制冷却温度和时间，确保蜡成分的完全析出。在蜡析出后，通过过滤和干燥等步骤，将蜡从溶液中分离出来，并称重测量其质量。最后，根据蜡的质量与原始沥青样品的质量之比，计算出沥青的含蜡量。

8.6.4 主要仪器设备

（1）冷凝管蒸馏瓶：耐热玻璃制成。

（2）冷却过滤装置：玻璃制，由吸滤瓶、砂芯过滤漏斗、试样冷却筒、塞子及冷浴等组成。

（3）加热用立式高温电炉、电热套或燃气炉。

（4）天平：感量不大于 1mg 及不大于 0.1g 各一个。

（5）温度计：-30~60℃，分度为 0.5℃。

（6）锥形烧瓶：150mL 或 250mL 数个。

（7）水流泵或真空泵。

（8）乙醚、乙醇：化学纯。

（9）工业酒精及冰（固体 CO_2）

（10）冰块。

（11）其他：烘箱、恒温水浴、量筒、烧杯、铁架、U 形水银柱压力计（或真空表）、洗液、蒸馏水、温度计、电炉等。

8.6.5 操作步骤

（1）准备工作。将蒸馏瓶洗净、干燥后，称其质量，准确至 0.1g，然后置于烘箱中备用。将 150mL 或 250mL 锥形瓶洗净、烘干、编号后，称其质量，准确至 1mg，然后置于干燥器中备用。将冷却装置各部洗净、干燥，其中砂芯过滤漏斗用洗液浸泡后的蒸馏水洗至中性，然后干燥备用。准备沥青试样。用高温炉蒸馏时，应预先加热并控制炉内恒温（550±10）℃。在烧杯内备好冰水。

（2）在蒸馏瓶中称取沥青试样质量（m_b）为（50±1）g，准确至 0.1g，将瓶塞塞妥并将锥形瓶当作接受器，装在盛有冰水的烧杯中。

（3）当用高温电炉时，将盛有试样的蒸馏瓶置于已恒温（550±10）℃的电炉中，并迅速将瓶颈固定在铁架的弹簧支架上，蒸馏瓶支管与置于冰水中的锥形瓶连接。当用燃气炉时，调节火焰高度将蒸馏瓶周围包住。

（4）调节加热强度（即调节蒸馏瓶至高温炉间距离或燃气炉火焰大小），使从加热开始起 5~8min 内开始初馏（支管端口流出第一滴馏分）。其后以每秒两滴（4~5mL/min 的流出速度继续蒸馏至无馏分油为止，然后在 1min 内将蒸馏瓶底烧红（即瓶内蒸馏残留物焦化）。全部蒸馏过程必须在 25min 内完成。蒸馏后支管中残留的馏出油应流入接受器中。

（5）将盛有馏出油的锥形瓶从冰水中取出，拭干瓶外水分，在室温下冷却称其质量，得到馏出油总质量（m_1），准确至 0.05g。

（6）将锥形瓶中的馏出油加热熔化，并搅拌均匀。加热时温度不要太高，避免有蒸发损失。然后将熔化的馏出油注入另一已知质量的锥形瓶（250mL）中，称取用于脱蜡的馏出油质量（m_2），准确至 1mg，其数量需使其冷冻过滤后能得到 0.05~0.1g 蜡，但取样量不得超过 10g。

（7）将冷却过滤装置装妥，并将吸滤瓶支管用橡胶管与水流泵（或真空泵）及 U 形水银柱压力计连接起来。向冷浴中注入适量的冷液（工业酒精），其液面比试样冷却筒内液面（乙醚-乙醇混合液）高约 70mm 以上，以便向冷浴内加干冰时不会溅人。试样冷却筒内，用适当工具搅拌冷液，使之保持温度（-20±0.5）℃；也可取低温水槽作冷浴，此时冷液可采用 1:1 甲醇水溶液，低温水槽应能自动控温到（-20±0.5）℃。

（8）将盛有馏出油的锥形瓶注入 10mL 乙醚，使其充分溶解，然后注入试样冷却筒中，再用 15mL 乙醚分两次清洗盛油的锥形瓶，并将清洗液倒入试样冷却筒中，将 25mL 乙醇注入试样冷却筒内与乙醚充分混合均匀。从加入乙醚时间开始，在-20℃的温度下冷却1h，使蜡充分结晶析出。

（9）预先在另一锥形瓶或试管（50mL）中量取50mL乙醚-乙醇（1:1）混合液，使其冷却至-20℃，至少恒冷15min以后再使用。

（10）当试样冷却筒中溶液冷却结晶后，拔起其中的塞子，过滤结晶析出的蜡，并将塞子用适当方法或吊在试样冷却筒中，保持自然过滤30min。

（11）当砂芯过滤漏斗内看不到液体时，启动水流泵（或真空泵），调节U形水银柱压力计真空度，使滤液的过滤速度为每秒一滴左右，抽滤至原液体滴落），然后小心地关闭水流泵（或真空泵），使压力计恢复常压。再将已冷却的乙醚-乙醇混合液一次加入30mL，洗涤蜡层，并清洗塞子及试样冷却筒内壁。继续过滤，当溶剂在蜡层上看不见时，继续抽滤5min，将蜡中的溶剂抽干以除去蜡中的溶液。

（12）从冷浴中取出试样冷却过滤装置，取下吸滤瓶，将其中溶液倒入一个回收瓶中。吸滤瓶也用乙醚-乙醇混合液中洗三次，每次用10～15mL，洗液倒入回收瓶中。

（13）将试样冷却筒、塞子及吸滤瓶重新装妥，再将30mL已预热至50～60℃的石油醚清洗试样，并在冷却筒及塞子后，拔起塞子使溶液流至过滤漏斗，待漏斗中无溶液后，再用热石油醚溶解漏斗中的蜡两次，每次用量35mL，然后立即用水流泵（或真空泵）吸滤，至无液滴滴落。

（14）将吸滤瓶中蜡溶液倾入已称质量的锥形瓶中，并用常温石油醚分三次清洗吸滤瓶，每次用量10～15mL。洗液倒入锥形瓶的蜡溶液中。

（15）将盛有蜡溶液的锥形瓶放在适宜的热源上，回收溶剂或使溶剂蒸发净尽。然后将锥形瓶置温度为（105±5）℃烘箱中除去石油醚，然后放入真空干燥箱（105±5）℃，残压21～35kPa）中1h，再置干燥器中冷却1h后称其质量，得到析出蜡的质量m_3，准确至0.1mg。

（16）同一沥青试样蒸馏后，从馏出油中取三个试样进行试验。

8.6.6 数据处理与结果分析

（1）沥青含蜡量按式（8-5）计算。

$$P_P(\%) = \frac{\frac{m_1}{m_2} \times m_w}{m_b} \times 100 \tag{8-5}$$

式中：P_P为含蜡量（取小数点后一位），%；m_b为沥青试样质量，g；m_1为馏出油总质量，g；m_2为用于测定蜡的馏出油总质量，g；m_w为析出蜡的质量，g。

（2）当平行试验结果的最大值与最小值之差满足重复性精度试验要求时，取平行试验的平均值作为含蜡量测定结果。

（3）当不满足重复性试验要求时，按以下方法处理：在方格纸上以得到蜡的质量（g）为横轴，蜡的质量百分率为纵轴，求出其关系直线，然后按内推法求出蜡的质量为0.075g时的蜡的质量百分率，作为蜡含量测定结果。

注意：关系直线的方向系数只取正值，有两条直线时，取内插值的平均值。

（4）蜡含量测定时重复性或再现性试验精度的允许误差应符合表 8-5 要求。

表 8-5　蜡含量测定允许误差表

蜡含量/%	重复性/%	再现性/%
0～1	0.1	0.3
1～3	0.3	1
>3	0.5	1.5

8.6.7　试验记录表格

沥青蜡含量试验记录表见表 8-6。

表 8-6　沥青蜡含量试验记录表

试验编号	沥青试样质量/g	馏分油总质量/g	测定蜡的馏分油总质量/g	析出蜡的质量/g	蜡含量/% 测定值	蜡含量/% 平均值
1						
2						
3						

检测：　　　　　记录：　　　　　计算：　　　　　校核：

8.7　沥青混合料试件的制作试验

8.7.1　试验目的

本试验方法适用于标准击实法或大型击实法制作沥青混合料试件，以供实验室进行沥青混合料物理性质、力学性能试验使用。标准击实法适用于标准马歇尔试验、间接抗拉试验（劈裂法）等所使用的 ϕ 为 101.6mm×63.5mm 圆柱体试件成型。大型击实法适用于大型马歇尔试验和 ϕ 为 152.4mm×95.3mm 的大型圆柱体试件成型。沥青混合料试件制作时的条件及试件数量应符合下列规定：

（1）当集料最大公称粒径小于或等于 26.5mm 时，采用标准击实法，一组试件的数量不少于 4 个。

（2）当集料最大公称粒径大于 26.5mm 时，采用大型击实法，一组试件的数量不少于 6 个。

8.7.2　试验依据

《公路工程沥青及沥青混合料试验规程》（JTG E20—2011）。

8.7.3 主要仪器设备

(1) 自动击实仪：击实仪具有自动记数、控制仪表、按钮设置、复位及暂停等功能。按其用途分为以下两种：

1) 标准击实仪：由击实锤、ϕ101.6mm×63.5mm 的平圆形压实头及带手柄的导向棒组成。用人工或机械将压实锤举起，从（457.2±1.5）mm 高度沿导向棒自由落下击实，标准击实锤质量为（4536±9）g。

2) 大型击实仪：由击实锤、ϕ101.6mm×63.5mm 的平圆形压实头及带手柄的导向棒组成。用人工或机械将压实锤举起，从（457.2±1.5）mm 的高度沿导向棒自由落下击实，标准击实锤质量为（10210±10）g。

(2) 标准击实台：用以固定试模，在 200mm×200mm×457mm 的硬木墩上面有一块 305mm×305mm×25mm 的钢板，木墩用 4 根型钢固定在下面的水泥混凝土板上。木墩采用青冈栎、松或其他干密度为 0.67～0.77g/cm^2 的硬木制成。

自动击实仪是将标准击实锤及标准击实台安装一体，并用电力驱动使击实锤连续击实试件且可自动记数的设备，击实速度为（60±5）次/min。

试验室用沥青混合料搅拌机能保证拌和温度并充分拌和均匀，可控制拌和时间，容量不小于 10L，如图 8-3 所示。搅拌叶自转速度 70～80r/min，公转速度 40～50r/min。

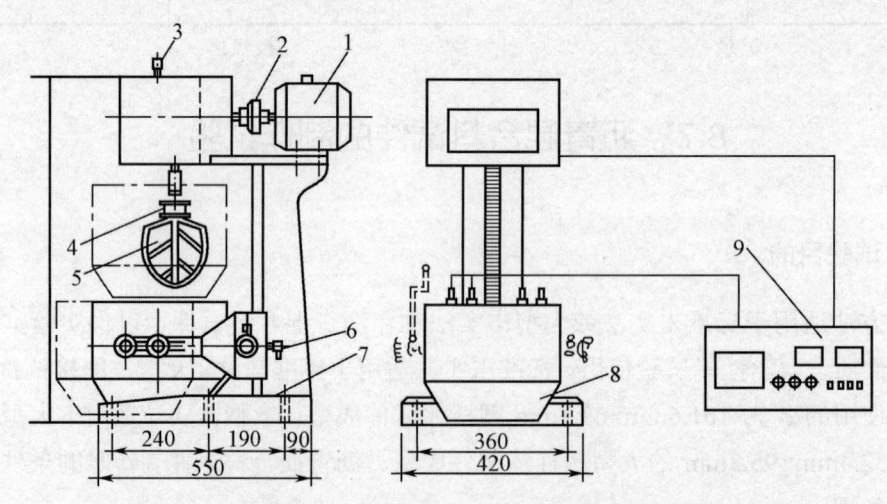

1—电机；2—联轴器；3—变速箱；4—弹簧；5—搅拌叶片；6—升降手柄；
7—底座；8—加热搅拌锅；9—温度时间控制仪

图 8-3　实验室用沥青混合料搅拌机

(3) 脱模器：电动或手动，可无破损地推出圆柱体试件，备有标准圆柱体试件及大型圆柱体试件尺寸的推出环。

(4) 试模：由高碳钢或工具钢制成，每组包括内径（101.6±0.2）mm，高 87mm 的圆柱形金属筒、底座（直径约 120.6mm）和套筒（内径 101.6mm、高 70mm）各一个。

（5）烘箱：大、中型各一台，装有温度调节器。

（6）天平或电子秤：用于称量矿料的，感量不大于 0.5g；用于称量沥青的，感量不大于 0.1g；

（7）沥青运动黏度测定设备：毛细管黏度计、赛波特重油黏度计或布洛克菲尔德黏度计。

（8）插刀或大螺丝刀。

（9）温度计：分度为 1℃。宜采用有金属插杆的热电偶沥青温度计，金属插杆的长度不小于 300mm。量程为 0~300℃。数字显示或度盘指针的分度为 0.1℃，且有留置读数功能。

（10）其他：电炉或煤气炉、沥青熔化锅、搅拌铲、标准筛、滤纸（或普通纸）、胶布、卡尺、秒表、粉笔、棉纱等。

8.7.4 操作步骤

（1）确定制作沥青混合料试件的拌和与压实温度。

1）根据沥青的黏度，绘制黏温曲线。要求确定适宜于沥青混合料拌和及压实的沥青等黏温度（表 8-7）。

表 8-7　适宜于沥青混合料拌合及压实的沥青等黏温度

沥青结合料种类	黏度与测定方法	适宜于拌和的沥青混合料黏度	适宜于拌和的沥青混合料黏度
石油沥青（含改性沥青）	表观黏度，T 0625 运动黏度，T 0619 赛波特黏度，T 0623	(0.17±0.02) Pa·s (170±20) mm²/s (85±10) s	(0.28±0.03) Pa·s (280±30) mm²/s (140±15) s
煤沥青	恩格拉度，T 0622	25±3	40±5

注：液体沥青混合料的压实成型温度按石油沥青执行。

对于改性沥青，应根据改性剂的品种和用量，适当提高混合料的拌和和压实温度。对大部分聚合物改性沥青，需要在基质沥青的基础上提高 10~20℃左右；掺加纤维时，尚需再提高 10℃左右。

2）常温沥青混合料的拌和及压实在常温下进行。

（2）沥青混合料试件的制作条件。

1）在拌和厂或施工现场采集沥青混合料试样时，按我国规程规定的沥青混合料取样方法取样，将试样置于烘箱中或加热的砂浴上保温，在混合料中插入温度计测量温度，待混合料温度符合要求后成型。需要适当拌和时，可倒入已加热的小型沥青混合料搅拌机中适当拌和，时间不超过 1min。但不得用铁锅在电炉或明火上加热炒拌。

2）在试验室人工配制沥青混合料时，材料准备按下列步骤进行。

①将各种规格的矿料置（105±5）℃的烘箱中烘干至恒重（一般不少于 4~6h）。根据需要，粗集料可先用水冲洗干净后烘干。也可将粗细集料过筛后用水冲洗再烘干备用。

②将烘干分级的粗细集料，按每个试件设计级配要求称其质量，在一金属盘中混合均匀，

矿粉单独加热，置烘箱中预热至沥青拌和温度以上约15℃（采用石油沥青时通常为163℃；采用改性沥青时通常需180℃）备用。一般按一组试件（每组4~6个）备料，但进行配合比设计时宜对每个试件分别备料。当采用替代法时，对粗集料中粒径大于26.5mm的部分，以13.2~26.5mm粗集料等量代替。常温沥青混合料的矿料不应加热。

③将按我国试验规程沥青试样准备方法采集的沥青试样，用恒温烘箱或油浴、电热套熔化加热至规定的沥青混合料拌和温度备用，但不得超过175℃。当不得已采用燃气炉或电炉直接加热进行脱水时，必须使用石棉垫隔开。

（3）拌制沥青混合料。

1）黏稠石油沥青或煤沥青混合料。

①用沾有少许黄油的棉纱擦净试模、套筒及击实座等置于100℃左右烘箱中加热1h备用。常温沥青混合料用试模不加热。

②将沥青混合料搅拌机预热至拌和温度以上10℃左右备用（对试验室试验研究、配合比设计及采用机械拌和施工的工程，严禁用人工炒拌法热拌沥青混合料）。

③将每个试件预热的粗细集料置于搅拌机中，用小铲子适当混合，然后再加入需要数量的已加热至拌和温度的沥青（如沥青已称量在一个专用容器内时，可在倒掉沥青后用一部分热矿粉将沾在容器壁上的沥青擦拭一起倒入搅拌锅中，开动搅拌机一边搅拌一边将拌和叶片插入混合料中拌和1~1.5min，然后暂停拌和，加入单独加热的矿粉，继续拌和至均匀为止，并使沥青混合料保持要求的拌和温度范围内。标准的总拌和时间为3min。

2）液体石油沥青混合料，将每组（或每个）试件的矿料置已加热至55~100℃的沥青混合料搅拌机中，注入要求数量的液体沥青，并将混合料边加热边拌和，使液体沥青中的溶剂挥发至50%以下。拌和时间应事先试拌决定。

3）乳化沥青混合料，将每个试件的粗细集料，置于沥青混合料搅拌机（不加热，也可用人工炒拌）中、注入计算的用水量（阴离子乳化沥青不加水）后，拌和均匀并使矿料表面完全湿润，再注入设计的沥青乳液用量，在1~1.5 min内使混合料拌匀，然后加入矿粉后迅速拌和，使混合料拌成褐色为止。

（4）歇尔标准击实法的成型步骤。

1）将拌好的沥青混合料，均匀称取一个试件所需的用量（标准马歇尔试件约1200g，大型马歇尔试件约4050g）。当已知沥青混合料的密度时，可根据试件的标准尺寸计算并乘以1.03得到要求的混合料数量。当一次拌和几个试件时，宜将其倒入经预热的金属盘中，用小铲适当拌和均匀分成几份，分别取用。在试件制作过程中，为防止混合料温度下降，应连盘放在烘箱中保温。

2）从烘箱中取出预热的试模及套筒，用沾有少许黄油的棉纱擦拭套筒、底座及击实锤底面，将试模装在底座上，垫一张圆形的吸油性小的纸，按四分法从四个方向用小铲将混合料铲入试模中，用插刀或大螺丝刀沿周边插捣15次，中间10次。插捣后将沥青混合料表面整平成凸圆弧面。对大型马歇尔试件，混合料分两次加入，每次插捣次数同上。

3）插入温度计，至混合料中心附近，检查混合料温度。

4）待混合料温度变为符合要求的压实温度后，将试模连同底座一起放在击实台上固定，在装好的混合料上面垫一张吸油性小的圆纸，再将装有击实锤及导向棒的压实头插入试模中，然后开启电动机或人工将击实锤从457mm的高度自由落下击实规定的次数（75 或 50 次）。对大型试件，击实次数为 75 次（相应于标准击实 50 次）或 112 次（相应于标准击实 75 次）。

5）试件击实一面后，取下套筒，将试模调头，装上套筒，然后以同样的方法和次数击实另一面。乳化沥青混合料试件在两面击实后，将一组试件在室温下横向放置24h；另一组试件置温度为（105±5）℃的烘箱中养生 24h。将养生试件取出后再立即两面锤击各 25 次。

6）试件击实结束后，立即用镊子取掉上下面的纸，用卡尺量取试件离试模上口的高度并由此计算试件高度。如果高度不符合要求时，试件应作废，并按下式调整试件的混合料质量，以保证高度符合（63.5±1.3）mm（标准试件）或（95.3±2.5）mm（大型试件）的要求：

调整后混合料质量=（要求试件高度×原用混合料质量）/所得试件的高度

7）卸去套筒和底座，将装有试件的试模横向放置冷却至室温后（不少于 12h），置脱模机上脱出试件。

8.8　沥青混合料马歇尔稳定度及浸水马歇尔试验

8.8.1　试验目的

该试验是为了评估沥青混合料的性能，特别是在路面施工和长期使用过程中的稳定性和耐久性。沥青混合料马歇尔稳定度试验主要用于沥青混合料的配合比设计或沥青路面施工质量检验。浸水马歇尔稳定度试验（根据需要，也可进行真空饱水马歇尔试验）供检验沥青混合料受水损害时抵抗剥落的能力时使用，通过测试其水稳定性检验配合比设计的可行性。

8.8.2　试验依据

《公路工程沥青及沥青混合料试验规程》（JTG E20—2011）。

8.8.3　试验原理

沥青混合料马歇尔稳定度试验是通过模拟车轮在路面上行驶时，对沥青混合料的压实作用，来评估沥青混合料的抗剪强度和稳定性。在试验过程中，首先将沥青混合料放置在模具中，通过施加一定的压力和时间来模拟车轮的压实效果。然后，测量沥青混合料在压实过程中所承受的最大剪切力（稳定度）和变形程度（流值）。这两个参数是评估沥青混合料抗剪强度和稳定性的重要指标。马歇尔稳定度是指沥青混合料在受到压力作用时，能够承受的最大剪切力，以 kN 为单位。这个值反映了沥青混合料的抗剪强度，即其抵抗剪切破坏的能力。而流值则是指沥青混合料在受到压力作用时，发生的垂直变形量，准确至 0.1mm。这个值反映了沥青混合料的变形能力，即其在外力作用下的变形程度。

浸水马歇尔试验是在标准马歇尔试验的基础上，增加了水的作用，以评估沥青混合料在水侵蚀作用下的稳定性。在试验过程中，首先将沥青混合料试件放入恒温水槽中浸泡一段时间（通常为48小时），使试件充分吸水。然后，将试件取出并置于马歇尔试验仪中进行压实和测量。

通过比较浸水前后的稳定度和流值的变化，可以评估沥青混合料在水侵蚀作用下的稳定性。如果浸水后的稳定度降低较多，说明沥青混合料的抗水损害能力较差，容易发生剥落和松散等破坏现象。而流值的变化则可以反映沥青混合料在水侵蚀作用下的变形能力。

8.8.4 主要仪器设备

（1）沥青混合料马歇尔试验仪。
（2）恒温水槽。
（3）真空饱水容器。
（4）烘箱。
（5）天平。
（6）温度计。
（7）卡尺。
（8）其他：棉纱，黄油。

8.8.5 操作步骤

（1）试样准备。

1）按标准击实法成型马歇尔试件，标准马歇尔尺寸应符合直径为（101.6±0.2）mm、高为（63.5±1.3）mm的要求。对大型马歇尔试件尺寸应符合直径为（152.4±0.2）mm，高为（95.3±2.5）mm的要求。一组试件的数量最少不得少于4个。

2）量测试件的直径及高度，用卡尺测量试件中部的直径，用马歇尔试件高度测定器或用卡尺在十字对称的4个方向量测离试件边缘10mm处的高度，准确至0.1mm，并以其平均值作为试件的高度。如果试件高度不符合（63.5±1.3）mm或（95.3±2.5）mm的要求或两侧高度差大于2mm时，此试件应作废。

3）按本规程规定的方法测定试件的密度、空隙率、沥青体积百分率、沥青饱和度、矿料间隙率等物理指标。

4）将恒温水槽调节至要求的试验温度，对于黏稠石油沥青或烘箱养生过的乳化沥青混合料温度为（60±1）℃，对于煤沥青混合料的温度为（33.3±1）℃，对于空气养生的乳化沥青或液体沥青混合料的温度为（25±1）℃。

（2）标准马歇尔试验方法。

1）将试件置于已达规定温度的恒温水槽中保温，保温时间对标准马歇尔试件需30~

40min，对大型马歇尔试件需 45～60min。试件之间应有间隔底下应垫起，离容器底部不小于 5cm。

2）将马歇尔试验仪的上下压头放入水槽或烘箱中达到同样温度。将上下压头从水槽或烘箱中取出擦拭干净内面。为使上下压头滑动自如，可在下压头的导棒上涂少量黄油。再将试件取出置于下压头上，盖上上压头，然后装在加载设备上。

3）在上压头的球座上放妥钢球，并对准荷载测定装置的压头。

4）当采用自动马歇尔试验仪时，将自动马歇尔试验仪的压力传感器、位移传感器与计算机或 X-Y 记录仪正确连接，调整好适宜的放大比例。调整好计算机程序或将 X-Y 记录仪的记录笔对准原点。

5）当采用压力环和流值计时，将流值计安装在导棒上，并使导向套管轻轻地压住上压头，同时将流值计读数调零。调整压力环中百分表对零。

6）启动加荷载设备，使试件承受荷载，加荷载速度为（50±5）mm/min。计算机或 X-Y 记录仪自动记录传感器压力和试件变形曲线，并将数据自动存入计算机。

7）当试验荷载达到最大值的瞬间，取下流值计，同时读取压力环中百分表读数及流值计的流值读数。

8）从恒温水槽中取出试件至测出最大荷载值的时间，不得超过 30s。

（3）浸水马歇尔试验方法。浸水马歇尔试验方法与标准马歇尔试验方法的不同之处在于，试件在已达规定温度恒温水槽中的保温时间为 48h，其余均与标准马歇尔试验方法相同。

（4）真空饱水马歇尔试验方法。试件先放入真空干燥器中，关闭进水胶管，开动真空泵，使干燥器的真空度达到 98.3kPa（730mmHg）以上，维持 15min。然后打开进水胶管，靠负压进入冷水流使试件全部浸入水中，浸水 15min 后恢复常压，取出试件再放入已达规定温度的恒温水槽中保温 48h，其余均与标准马歇尔试验方法相同。

8.8.6 数据处理与结果分析

（1）试件的稳定度及流值。当采用自动马歇尔试验仪时，将计算机采集的数据绘制成压力和试件变形曲线，或由 X-Y 记录仪自动记录的荷载-变形曲线。取相应于荷载最大值时的变形作为流值，以 mm 计，准确至 0.1mm。最大荷载即为稳定度，以 kN 计，准确至 0.01kN。

（2）试件的马歇尔模数按式（8-6）计算。

$$T = \frac{MS}{FL} \tag{8-6}$$

式中：T 为试件的马歇尔模数，kN/mm；MS 为试件的稳定度，kN；FL 为试件的流值，mm。

（3）试件的浸水残留稳定度采用压力环和流值计测定时，根据压力环标定曲线，将压力环中百分表的读数换算为荷载值，或者由荷载测定装置读取的最大值，即为试样的稳定度，以 kN 计，准确至 0.01kN。由流值计及位移传感器测定装置读取的试件垂直变形，即为试件的流值（FL），以 mm 计，准确至 0.1mm。浸水稳定度按式（8-7）计算。

$$MS_0 = \frac{MS_1}{MS} \times 100 \qquad (8-7)$$

式中：MS_0 为试件的浸水残留稳定度；MS_1 为试件浸水 48h 后的稳定度，kN。

8.8.7 试验记录表格

沥青混合料马歇尔稳定度试验记录表见表 8-8。

表 8-8　沥青混合料马歇尔稳定度试验记录表

试件编号	试件高度/mm					直径/mm			稳定度/kN	流值/mm	浸水48h后的稳定度	残留稳定度/%	马歇尔模数
	1	2	3	4	平均	1	2	平均					

检测：　　　　记录：　　　　计算：　　　　校核：

第 9 章 防水卷材性能试验检测实训

9.1 概　　述

9.1.1 定义与分类

（1）防水卷材的定义。防水卷材主要是用于建筑工程墙体、屋面以及隧道、公路、垃圾填埋场等处，起到抵御外界雨水、地下水渗漏的一种可卷曲成卷状的柔性建材产品，是整个工程防水的第一道屏障，对整个工程起着至关重要的作用。将沥青类或高分子类防水材料浸渍在胎体上，制作成卷材形式的防水材料产品，称为防水卷材。

（2）防水卷材的分类。防水卷材根据主要组成材料不同，分为沥青防水卷材、高聚物改性沥青防水卷材和合成高分子防水卷材；根据胎体的不同，分为无胎体卷材、纸胎卷材、玻璃纤维胎卷材、玻璃布胎卷材和聚乙烯胎卷材。防水卷材常用品种、类型及适用范围见表 9-1。

表 9-1　防水卷材常用品种、类型及适用范围

序号	材料品种	屋面	地下	外墙面	厕浴间	垃圾填埋场及人工湖等	说明
1	SBS 或 APP 改性沥青防水卷材（Ⅰ型）	√	×	×	△	×	热熔或热粘法接缝
2	SBS 或 APP 改性沥青防水卷材（Ⅱ型）	√	√	×	△	×	热熔或热粘法接缝
3	自粘聚合物改性沥青聚酯胎防水卷材	√	√	×	△	×	用于屋面时，应为非外露
4	自粘橡胶沥青防水卷材	√	√	×	△	×	
5	改性沥青聚乙烯胎防水卷材	√	√	×	△	×	
6	沥青防水卷材（油毡）	×	×	×	×	×	常用于屋面作隔离层，不作为防水层使用
7	沥青复合胎柔性防水卷材（油毡）	×	×	×	×	×	
8	三元乙丙橡胶（EPDM）防水卷材	√	√	×	△	△	冷粘法接缝
9	改性三元乙丙橡胶（TPV）防水卷材	√	×	×	△	√	焊接法接缝
10	氯化聚乙烯-橡胶共混防水卷材	√	√	×	△	×	冷粘法接缝
11	聚氯乙烯（PVC）防水卷材	√	√	×	△	△	焊接法接缝
12	氯化聚乙烯（CPE）防水卷材	△	√	×	△	×	冷粘法接缝

续表

序号	材料品种	适用范围					说明
		屋面	地下	外墙面	厕浴间	垃圾填埋场及人工湖等	
13	高密度聚乙烯（HDPE）土工膜	×	√	×	×	√	在初期支护与内衬砌混凝土结构之间作防水层，钉压搭接法施工
14	低密度聚乙烯（LDPE）或乙烯-醋酸乙烯（EVA）土工膜	×	√	×	×	△	
15	钠基膨润土防水毯	×	√	×	×	√	

注：√为首选；△为可选；×为不宜选。

9.1.2 取样方法

（1）沥青防水卷材。

沥青防水卷材的检验依据主要有《建筑防水卷材试验方法 第8部分：沥青防水卷材 拉伸性能》（GB/T 328.8—2007）、《建筑防水卷材试验方法 第11部分：沥青防水卷材 耐热性》（GB/T 328.11—2007）、《建筑防水卷材试验方法 第14部分：沥青防水卷材 低温柔性》（GB/T 328.14—2007）、《建筑防水卷材试验方法 第10部分：沥青和高分子防水卷材 不透水性》（GB/T 328.10—2007）、《石油沥青纸胎油毡》（GB 326—2007）、《铝箔面石油沥青防水卷材》（JC/T 504—2007）。

取样时，以同一生产厂的同一品种、同一等级的产品，不足1000m²的抽样一卷；1000~2500m²的抽样两卷；2500~5000m²的抽样三卷；5000m²以上的抽样4卷。将试样卷材切除距外层卷头2500mm后，顺纵向截取600mm的两块全幅卷材送试。

（2）高聚物改性沥青防水卷材。

高聚物改性沥青防水卷材的检验依据主要有《改性沥青聚乙烯胎防水卷材》（GB 18967—2009）、《弹性体改性沥青防水卷材》（GB 18242—2008）、《塑性体改性沥青防水卷材》（GB 18243—2008）。

取样时，以同一类型、同规格1000 m²为一批，不足1000 m²亦可作为一批；每批产品中随机抽取5卷进行卷重、面积、厚度及外观检查；将试样卷材切除距外层卷头2500mm后，顺纵向切取1000mm的全幅卷材试样两块，一块作物理性能检验用，另一块备用。

（3）合成高分子防水卷材（片材）。

合成高分子防水卷材（片材）的检验依据主要有《聚氯乙烯（PVC）防水卷材》（GB 12952—2011）、《氯化聚乙烯防水卷材》（GB 12953—2003）、《高分子防水材料 第1部分：片材》（GB 18173.1—2012）、《高分子防水材料 第2部分：止水带》（GB 18173.2—2014）。

取样时，以连续生产的同品种、同规格的5000m²片材为一批（不足5000m²时，以连续生产的同品种、同规格的片材量为一批；日产量超过8000m²则8000m²为一批），随机抽取三卷进行规格尺寸和外观质量检验。在上述检验合格的样品中再随机抽取足够的试样进行物理性能检验。将试样卷材切除距外层卷头 300mm 后，顺纵向切取 1500mm 的全幅卷材两块，一块作物理性能检验用，另一块备用。

9.1.3 主要技术指标

防水卷材技术指标主要包括以下几方面：

（1）耐水性。耐水性是指在水的作用下和被水浸润后其性能基本不变，在压力水作用下具有不透水性，常用不透水性、吸水性等指标表示。例如，不透水性是指在特定的仪器上，按标准规定的水压、时间检测试样是否透水。耐水性主要是检测材料的密实性及承受水压的能力。

（2）温度稳定性。温度稳定性是指在高温下不流淌、不起泡、不滑动，低温下不脆裂的性能，即在一定温度变化下保持原有性能的能力，常用耐热度、耐热性等指标表示。例如耐热性能，该指标用来表征防水材料对高温的承受力或者是抗热的能力。

（3）机械强度、延伸性和抗断裂性。机械强度、延伸性和抗断裂性是指防水卷材承受一定荷载、应力或在一定变形的条件下不断裂的性能，常用拉力、拉伸强度和断裂延伸率等指标表示。拉伸强度是指单位面积上所能够承受的最大拉力；断裂延伸率指在标距内，试样从受拉到最终断裂伸长的长度与原标距的比。这两个指标主要是检测材料抵抗外力破坏的能力，其中断裂延伸率是衡量材料韧性好坏，即材料变形能力的指标。

（4）柔韧性。柔韧性是指在低温条件下保持柔韧的性能。它对保证防水卷材易于施工、不脆裂十分重要，常用低温柔性、低温弯折性等指标表示。例如，低温柔性是指按标准规定的温度、时间检测材料在低温状态下的变形能力。

（5）大气稳定性。大气稳定性是指在阳光、热、臭氧及其他化学侵蚀介质等因素的长期综合作用下抵抗侵蚀的能力，常用耐老化性、热老化保持率等指标表示。

此外，还有固体含量（产品中含有成膜物质的质量占总产品质量的百分比，也就是产品中除去溶剂后的质量占总产品质量的百分比）等指标。

9.2 防水卷材拉伸性能试验

9.2.1 试验目的

通过拉伸试验，检验防水卷材抵抗拉力破坏的能力，以作为防水卷材的选用条件。

9.2.2 试验依据

《建筑防水卷材试验方法 第 8 部分：沥青防水卷材 拉伸性能》（GB/T 328.8—2007）。

9.2.3 试验原理

将试样两端置于夹具内并夹牢，然后在两端同时施加拉力，测定试件被拉断时的最大拉力。连续记录试验中拉力和对应的长度变化，特别记录最大拉力。

9.2.4 主要仪器设备

（1）拉伸试验机：应有足够的量程（至少 2000N）和夹具移动速度（100±10）mm/min，夹具宽度不小于 50mm。夹具能随着试件拉力的增加而保持或增加夹具的夹持力，对于厚度不超 3mm 的产品，能夹住试件，使其在夹具中的滑移不超过 1mm；更厚的产品滑移不超过 2mm。这种夹持方法不应使夹具内外产生过早的破坏。

（2）切割刀、温度计等。

9.2.5 操作步骤

（1）制备两组试件，一组 5 个纵向试件，一组 5 个横向试件。试件在试样上距边缘 100mm 以上的任意位置处用模板或裁刀裁取，其矩形试件宽为（50±0.5）mm，长为 200mm+2×夹持长度，长度方向为试验方向。

（2）除去试件表面的非持久层。

（3）试验前，将试件在（23±2）℃、相对湿度 30%～70%的条件下放置 20h。

（4）检查试件是否夹牢。

（5）检查试件，使其长度方向中心线与试验机夹具中心在一条线上，夹具间距为（200±2）mm。为防止试件从夹具中滑移，应在试件上作滑移标记。

（6）试验在（23±2）℃进行，夹具移动的恒定速度为（100±10）mm/min。

9.2.6 数据处理与结果分析

取每个方向上 5 个试件拉力值的算术平均值，作为该试件同一方向上的拉伸结果。试验结果的平均值达到标准规定的指标时，判为该项指标合格。最大拉力时的伸长率按式（9-1）计算。

$$E = \frac{L_1 - L_0}{L} \times 100\% \tag{9-1}$$

式中：E 为最大拉力时伸长率，%；L_1 为试件最大拉力时的标距，mm；L_0 为试件初始标距，mm；L 为夹具间距离。

分别计算 5 个纵向或横向试件最大拉力时延伸率的算术平均值，以此作为该卷材的纵向或横向延伸率。试验结果的平均值达到标准规定的指标时，判该项指标合格。

9.2.7 试验记录表格

防水卷材拉伸性能试验记录表见表 9-2。

表 9-2 防水卷材拉伸性能试验记录表

试验项目	纵向试件					横向试件				
	1	2	3	4	5	1	2	3	4	5
试件最大拉力时的标距 L_1/mm										
试件初始标距 L_0/mm										
夹具间距离 L/mm										
最大拉力时的伸长率 E/%										
延伸率										

检测：　　　　　　　记录：　　　　　　　计算：　　　　　　　校核：

9.3　防水卷材不透水性检测

9.3.1　试验目的

通过对改性沥青防水卷材和合成高分子防水卷材的不透水性的性能检测，可确定产品的耐积水性或有限面承受水压的能力，判定其是否满足工程需要。

9.3.2　试验依据

《建筑防水卷材试验方法　第 10 部分：沥青和高分子防水卷材　不透水性》（GB/T 328.10—2007）。

9.3.3　试验原理

对于沥青、塑料和橡胶有关范畴的卷材，其不透水性试验可以采用 4 个规定形状尺寸狭缝的圆盘保持规定水压 24h，或采用 7 孔圆盘保持规定水压 30min，观测试件是否保持不渗水，最终压力与开始压力相比下降不超过 5%，来检测防水卷材的不透水性。

9.3.4　主要仪器设备

（1）具有三个透水盘的型号为 DTS-4 型的油毡不透水仪。透水盘底座内径为 92mm，透水盘金属压盖上有 7 个均匀分布的直径 25mm 的透水孔。压力表测量范围为 0~0.6MPa，精度 2.5 级。

（2）小型常用工具：常见一字螺丝刀、内六角扳手、壁纸刀、30cm 钢尺。试验在（23±5）℃条件下进行，产生争议时，在（23±2）℃、相对湿度 50%±5%条件下进行。

9.3.5　操作步骤

（1）取样。先将试样在温度（23±2）℃下放置 24h 后进行裁取，每组试件在卷材宽度方向均匀分布裁取，避开卷材边缘 100mm 以上。试件尺寸为 150mm×150mm（或直径为 130mm 的圆形）。

（2）试验前准备工作。

1）在试验前根据试件的试验要求把压力表调整好。调节的方法：借助一字螺丝刀转动压力表的调节旋钮，调节上限和下限定值。把上限指针拧到试验规定的压力数的位置，下限指针拧到比上限小 0.05MPa 的位置，这样在工作时，当压力达到要求时（上限值），气泵自动停止加压。当渗漏或透水使压力下降到一定数值（下限值）时，气泵又自动启动补充压力。

2）试验前检查透水盘出水是否畅通：首先，用内六角扳手把三个透水盘的压圈松开卸下，把注水口的盖拧开；其次，再把放水阀关严，从注水口慢慢注入清水，至容器的 2/3 处；再次，分别拧开"1""2""3"号阀门（"0"为放水阀）使中间的进水孔冒出水来，溢满透水盘为止；最后，把注水口盖拧紧。

（3）试验步骤。

1）把被测试件的上表面朝下放置在透水盘环形胶圈上，再盖上规定的开缝盘（或 7 孔圆盘）。其中一个缝的方向与卷材纵向平行，放上封盖，慢慢夹紧直到试件夹紧在透水盘上。用布或压缩空气干燥试件的非迎水面，慢慢加压到规定的压力。达到规定压力后，保持压力（24±1）h [7 孔盘保持规定压力（30±2）min]。

2）根据试验要求设定试验时间。

3）插上电源插头，打开启动开关，气泵开始往容器内注入压力气体，此时加压指示灯亮。

4）当压力达到上限值时，气泵自动停止加压，此时恒压指示灯亮，按规定时间完成试验后，拧开放水阀、把水放出卸掉压力，再松开压圈取下试件。

9.3.6 数据处理与结果分析

所有试件在规定的时间不透水，则认为不透水性试验通过。

9.3.7 试验记录表格

防水卷材不透水性试验记录表见表 9-3。

表 9-3 防水卷材不透水性试验记录表

试验项目	标准要求	试验结果	试验时间
不透水性			

检测： 记录： 计算： 校核：

9.4 防水卷材耐热性试验

9.4.1 试验目的

通过耐热性检测，可评定防水卷材的耐热性能，作为卷材环境温度要求的选择依据，判定其是否满足工程需要。

9.4.2 试验依据

《建筑防水卷材试验方法 第 11 部分：沥青防水卷材 耐热性》（GB/T 328.11—2007）。

9.4.3 试验原理

方法一：从试样裁取的试件，按照规定温度分别垂直挂在烘箱中。经过规定的时间后测量试件两面涂盖层相对于胎体的位移，平均位移超过 2mm 为不合格。耐热性极限是通过在两个温度结果间进行插值测定的。

方法二：从试样裁取的试件，按照规定温度分别垂直挂在烘箱中。经过规定的时间后测量试件两面涂盖层相对于胎体的位移及流淌、滴落。

9.4.4 主要仪器设备

按试验原理中的两个方法分别介绍设备。

方法一：

（1）鼓风干燥箱（不提供新鲜空气）：在试验范围内最大温度波动为±2℃。当门打开 30s，恢复温度到工作温度的时间不超过 5min。

（2）热电偶：连接到外面的电子温度计，在规定范围内能测量精确到±1℃。

（3）悬挂装置（如夹子）：至少 100mm 宽，在宽度方向能夹住整个试件，并将其悬挂在试验区域。

（4）光学测量装置（如读数放大镜）：刻度至少 0.1mm。

（5）金属圆插销的插入装置：内径约 4mm。

（6）画线装置：画直的标记线。

（7）墨水记号：线的宽度不超过 0.5mm，白色耐水墨水。

（8）硅纸。

方法二：

（1）鼓风干燥箱（不提供新鲜空气）：在试验范围内最大温度波动为±2℃。当门打开 30s，恢复温度到工作温度的时间不超过 5min。

（2）热电偶：连接到外面的电子温度计，在规定范围内能测量精确到±1℃。

（3）悬挂装置：洁净无锈的铁丝或回形针。

（4）硅纸。

9.4.5 操作步骤

（1）试样制备。

矩形试件尺寸为（115±1）mm×（100±1）mm，试件均匀地在试样宽度方向裁取，长度是卷材的纵向。试件应距卷材边缘 150mm 以上。试件从卷材的一边开始连续编号，卷材的上表面和下表面应标记。去除任何非持久保护层，在试件纵向的横断面一边，上表面和下表面大约一条 15mm 的涂盖层去除直至胎体。试件在试验前至少在（23±2）℃的平面上放置 2h，相互之间不要接触或黏住。有必要时，将试件分别放在硅纸上防止黏结。

（2）试验步骤。

方法一：

烘箱预热到规定试验温度，温度通过与试件中心同一位置的热电偶控制。整个试验期间，试验区域的温度波动不超过±2℃。

1）一组三个试件露出的胎体处用悬挂装置夹住。不要夹到涂盖层。必要时，用如硅纸的不粘层包住两面，便于在试验结束时除去夹子。

2）制备好的试件垂直悬挂在烘箱的相同高度，间隔至少 30mm。此时烘箱的温度不能下降太多，开关烘箱门放入试件的时间不超过 30s。放入试件后加热时间为（120±2）min。

3）加热周期一结束，将试件和悬挂装置一起从烘箱中取出，相互间不要接触，在（23±2）℃自由悬挂冷却至少 2h。然后除去悬挂装置，在试件的两面画第二个标记，用光学测量装置在每个试件的两面测量两个标记底部间的最大距离，精确到 0.1mm。

方法二：

1）按规定制备一组三个试件，分别在距试件短边一端 10mm 处的中心打一个小孔，用细铁丝或回形针穿过。将试件以相同高度分别垂直悬挂在规定温度的烘箱内，每个试件间隔至少 30mm。此时烘箱的温度不能下降太多，开关烘箱门放入试件的时间不超过 30s。放入试件后的加热时间为（120±2）min。

2）加热周期一结束，试件从烘箱中取出，相互间不要接触，目测观察并记录试件表面的涂盖层有无滑动、流淌、滴落、集中性密集气泡。

9.4.6　数据处理与结果分析

方法一：计算卷材每个面三个试件的滑动值的平均值，精确到 0.1mm。耐热性卷材上表面和下表面的滑动平均值不超过 2mm 时认为其合格。

方法二：试件任一端涂盖层不应与胎基发生位移，试件下端的涂盖层不应超过胎基，无流淌、滴落、集中性气泡，为规定温度下耐热性的符合要求。一组三个试件都应符合要求。

9.4.7　试验记录表格

防水卷材耐热性试验记录表见表 9-4。

表 9-4　防水卷材耐热性试验记录表

试验项目	标准要求	试验结果	试验时间
耐热性			

检测：　　　　　　记录：　　　　　　计算：　　　　　　校核：

9.5　防水卷材低温柔性试验

9.5.1　试验目的

通过检测防水卷材的低温柔性,可评定试样在规定负温下抵抗弯曲变形的能力,从而作为低温条件下卷材使用的选择依据,还可以判定其是否满足工程需要。

9.5.2　试验依据

《建筑防水卷材试验方法 第14部分:沥青防水卷材　低温柔性》(GB/T 328.14—2007)。

9.5.3　试验原理

防水卷材低温柔性的试验原理是从试样截取试件,将试件的上表面和下表面分别绕浸在冷冻液中的机械弯曲装置向上弯曲180°。弯曲后,检查试件涂盖层存在的裂纹。

9.5.4　主要仪器设备

(1)低温柔度试验仪:型号为DWR-2,由两个直径为(20±0.1)mm不旋转的圆筒和一个可升降的圆筒或半圆筒弯曲轴组成。
(2)低温冰箱。
(3)小型常用工具:壁纸刀,30cm钢尺,冷冻液,放大镜,袖珍带光源读数显微镜。
(4)半导体温度计(热敏探头):精度为0.5℃。

9.5.5　操作步骤

(1)取样。先将试样在温度(23±2)℃下放置24h后进行裁取,每组试件在试样宽度方向均匀分布裁取,避开卷材边缘150mm以上,试件应从卷材的一边开始做连续的记号,同时标记试件的上表面和下表面。试件尺寸为(150±1)mm×(25±1)mm。

(2)试验前准备工作。

1)在开始所有试验前,低温柔度试验仪上两个圆筒的距离应按试件厚度调节,即弯曲轴直径+2mm+两倍试件厚度。然后装置才可以放入已冷却的液体中,并且圆筒上端应在冷冻液面下约10mm,弯曲轴下面的位置。

弯曲轴直径根据产品不同可以分为20mm、30mm、50mm。

2)试验条件。冷冻液达到规定的试验温度,误差不超过0.5℃,试件放于支撑装置上,且在圆筒上端,保证冷冻液完全浸没试件。试件放入冷冻液达到规定温度后,开始保持在该温度1h±5min。半导体温度计的位置靠近试件,检查冷冻液温度,然后开始试验。

(3) 低温柔性试验步骤。

两组各 5 个试件，全部试件进行温度处理后，一组是上表面试验，另一组是下表面试验，试验按下述要求进行。

试件放置在圆筒和弯曲轴之间，试验面朝上，然后设置弯曲轴以（360±40）mm/min 的速度顶着试件向上移动，试件同时绕轴弯曲。轴移动的终点在圆筒上面（30±1）mm 处。试件的表面明显露出冷冻液，同时液面也因此下降。

在完成弯曲过程 10s 内，在适宜的光源下用肉眼检查试件有无裂纹，必要时，可以用辅助光学装置帮助检查。假如有一条或更多的裂纹从涂盖层深入到胎体层，或完全贯穿无增强卷材，即存在裂缝。一组 5 个试件应分别试验检查。假若装置的尺寸满足，可以同时试验几组试件。

(4) 冷弯温度规定。

假若沥青卷材的冷弯温度要测定，按上述和下述的步骤进行试验。

冷弯温度的范围（未知）最初测定，从期望的冷弯温度开始，每隔 6℃ 试验每个试件，因此每个试验温度都是 6℃ 的倍数（如 −12℃、−18℃、−24℃ 等）。从开始导致破坏的最低温度开始，每隔 2℃ 分别试验每组 5 个试件的上表面和下表面。连续地每次改变 2℃ 的温度，直到每组 5 个试件分别试验后至少有 4 个无裂纹，这个温度记录为试件的冷弯温度。

9.5.6 数据处理与结果分析

(1) 规定温度的柔度结果。5 个试件在规定温度至少 4 个无裂纹时为通过。上表面和下表面的试验结果要分别记录。

(2) 冷弯温度测定结果。测定冷弯温度时，要求试验得到的温度下的结果应为 5 个试件中至少 4 个通过，此温度是该卷材试验面的冷弯温度。上表面和下表面的结果应分别记录（卷材的上表面和下表面可能有不同的冷弯温度）。

9.5.7 试验记录表格

防水卷材低温柔性试验记录表见表 9-5。

表 9-5 防水卷材低温柔性试验记录表

试验项目	标准要求	试验结果	试验时间
低温柔度（弯折）			

检测：　　　　　　记录：　　　　　　计算：　　　　　　校核：

参 考 文 献

[1] 中华人民共和国水利部. 土工试验方法标准：GB/T 50123-2019[S]. 北京：中国计划出版社，2019.

[2] 交通部公路科学研究所. 公路工程集料试验规程：JTG 3432—2024[S]. 北京：人民交通出版社，2024.

[3] 中国建筑材料联合会. 建设用砂：GB/T 14684—2022[S]. 北京：中国标准出版社，2022.

[4] 中国建筑材料联合会. 建设用卵石、碎石：GB/T 14685—2022[S]. 北京：中国标准出版社，2022.

[5] 全国水泥标准化技术委员会. 水泥取样方法：GB/T 12573—2008[S]. 北京：中国标准出版社，2008.

[6] 中华人民共和国工业和信息化部. 通用硅酸盐水泥：GB 175—2023[S]. 北京：中国标准出版社，2023.

[7] 全国水泥标准化技术委员会. 水泥密度测定方法：GB/T 208—2014[S]. 北京：中国标准出版社，2014.

[8] 全国水泥标准化技术委员会. 水泥细度检验方法 筛析法：GB/T 1345—2005[S]. 北京：中国标准出版社，2005.

[9] 全国水泥标准化技术委员会. 水泥比表面积测试方法 勃氏法：GB/T 8074—2008[S]. 北京：中国标准出版社，2008.

[10] 全国水泥标准化技术委员会. 水泥标准稠度用水量、凝结时间、安定性检验方法：GB/T 1346—2011[S]. 北京：中国标准出版社，2011.

[11] 全国水泥标准化技术委员会. 水泥胶砂强度检测方法：ISO 法：GB/T 17671—2021[S]. 北京：中国标准出版社，2021.

[12] 住房和城乡建设部标准定额研究所. 普通混凝土配合比设计规程：JGJ 55-2011[S]. 北京：中国建筑工业出版社，2011.

[13] 中华人民共和国住房和城乡建设部. 普通混凝土拌合物性能试验方法标准：GB/T 50080-2016[S]. 北京：中国建筑工业出版社，2016.

[14] 中华人民共和国住房和城乡建设部. 混凝土物理力学性能试验方法标准：GB/T 50081-2019[S]. 北京：中国建筑工业出版社，2019.

[15] 中华人民共和国住房和城乡建设部. 建筑砂浆基本性能试验方法标准：JGJ/T 70-2009[S]. 北京：中国建筑工业出版社，2009.

[16] 中华人民共和国住房和城乡建设部. 砌筑砂浆配合比设计规程：JGJ/T 98-2010[S]. 北京：中国建筑工业出版社，2010.

[17] 全国钢标准化技术委员会．钢筋混凝土用钢材试验方法：GB/T 28900—2022[S]．北京：中国标准出版社，2022．

[18] 全国钢标准化技术委员会．金属材料 拉伸试验 第 1 部分：室温试验方法：GB/T 228.1—2021[S]．北京：中国标准出版社，2021．

[19] 全国钢标准化技术委员会．金属材料弯曲试验方法：GB/T 232—2024[S]．北京：中国标准出版社，2024．

[20] 中华人民共和国住房和城乡建设部．钢筋焊接接头试验方法标准：JGJ/T 27-2014[S]．北京：中国建筑工业出版社，2014．

[21] 中华人民共和国住房和城乡建设部．钢筋焊接及验收规程：JGJ 18-2012[S]．北京：中国建筑工业出版社，2012．

[22] 全国墙体层面及道路用建筑材料标准化技术委员会．砌墙砖试验方法：GB/T 2542—2012[S]．北京：中国标准出版社，2012．

[23] 全国墙体层面及道路用建筑材料标准化技术委员会．烧结普通砖：GB/T 5101—2017[S]．北京：中国标准出版社，2017．

[24] 全国墙体层面及道路用建筑材料标准化技术委员会．烧结多孔砖和多孔砌块：GB/T 13544—2011[S]．北京：中国标准出版社，2011．

[25] 全国墙体层面及道路用建筑材料标准化技术委员会．烧结空心砖和空心砌块：GB/T 13545—2014[S]．北京：中国标准出版社，2014．

[26] 交通部公路科学研究所．公路沥青及沥青混合料试验规程：JTG E20—2011[S]．北京：人民交通出版社，2011．

[27] 全国石油产品和润滑剂标准化技术委员会．沥青针入度测定法：GB/T 4509—2010 [S]．北京：中国标准出版社，2010．

[28] 全国石油产品和润滑剂标准化技术委员会．沥青软化点测定法 环球法：GB/T 4507—2014[S]．北京：中国标准出版社，2014．

[29] 全国石油产品和润滑剂标准化技术委员会．沥青延度测定法：GB/T 4508—2010[S]．北京：中国标准出版社，2011．

[30] 全国轻质与装饰装修建筑材料标准化技术委员会．建筑防水卷材试验方法 第 8 部分：沥青防水卷材 拉伸性能：GB/T 328.8—2007[S]．北京：中国标准出版社，2007．

[31] 全国轻质与装饰装修建筑材料标准化技术委员会．建筑防水卷材试验方法 第 11 部分：沥青防水卷材 耐热性：GB/T 328.11—2007[S]．北京：中国标准出版社，2007．

[32] 全国轻质与装饰装修建筑材料标准化技术委员会．建筑防水卷材试验方法 第 14 部分：沥青防水卷材 低温柔性：GB/T 328.14—2007[S]．北京：中国标准出版社，2007．

[33] 全国轻质与装饰装修建筑材料标准化技术委员会．建筑防水卷材试验方法 第 10 部分：沥青和高分子防水卷材 不透水性：GB/T 328.10—2007[S]．北京：中国标准出版社，2007．